2021年湖北省社科基金一般项目(后期资助)中国生命美学思想研究（项目编号2021274）。十四五湖北省重点学科群"中国语言文学与文化传播"。

光明社科文库
GUANGMING DAILY PRESS:
A SOCIAL SCIENCE SERIES

·文学与艺术书系·

中国生命美学思想研究

王 成 | 著

光明日报出版社

图书在版编目（CIP）数据

中国生命美学思想研究 ／ 王成著 . -- 北京：光明日报出版社，2022.1
ISBN 978-7-5194-6109-6

Ⅰ.①中… Ⅱ.①王… Ⅲ.①生命哲学—美学思想—研究—中国 Ⅳ.①B83-092

中国版本图书馆 CIP 数据核字（2021）第 089294 号

中国生命美学思想研究
ZHONGGUO SHENGMING MEIXUE SIXIANG YANJIU

著　　者：王　成	
责任编辑：宋　悦	责任校对：叶梦佳
封面设计：中联华文	责任印制：曹　净

出版发行：光明日报出版社
地　　址：北京市西城区永安路 106 号，100050
电　　话：010-63169890（咨询），010-63131930（邮购）
传　　真：010-63131930
网　　址：http://book.gmw.cn
E - mail：gmrbcbs@gmw.cn
法律顾问：北京市兰台律师事务所龚柳方律师
印　　刷：三河市华东印刷有限公司
装　　订：三河市华东印刷有限公司
本书如有破损、缺页、装订错误，请与本社联系调换，电话：010-63131930

开　　本：170mm×240mm	
字　　数：180 千字	印　　张：15
版　　次：2022 年 1 月第 1 版	印　　次：2022 年 1 月第 1 次印刷
书　　号：ISBN 978-7-5194-6109-6	
定　　价：95.00 元	

版权所有　　翻印必究

目 录
CONTENTS

绪论 在知识与信仰之间：对当下美学论争的一点思考 ……………… 1
  一、当下的美学论争：从美的本体建构到美感的体验 …………… 2
  二、回到中国美学的生命向度：从人格到人生的审美致思 …………… 5
  三、在知识与信仰之间：当下美学研究的维度展开 …………… 7

第一章 中国生命美学的哲学基础 ……………………………… 10
  第一节 生死观与生命意识的生成 …………………………… 11
    一、终始俱善，人道毕矣 ……………………………………… 11
    二、死生为昼夜，长生久视 …………………………………… 14
    三、五蕴聚合，命尽神迁 ……………………………………… 17
  第二节 阴阳之道与生命的美学意蕴 ………………………… 20
    一、弥纶天地，无所不包 ……………………………………… 21
    二、刚柔并蓄之美 ……………………………………………… 23
    三、生命周流变化，无往不复 ………………………………… 26

第三节　气论与生命精神 ································· 29
  一、血气方刚与生命存在 ································· 29
  二、气化哲学与生命精神 ································· 32
  三、气与艺术生命 ······································· 35

第四节　妙悟与生命诉说 ································· 38
  一、悟与直观生命 ······································· 38
  二、妙悟与生命意义开启 ································· 40
  三、山水园林之妙悟与生命境界 ··························· 42

第二章　中国生命美学的基本形态 ························· 45
第一节　儒家生命美学的基本表征 ······················· 45
  一、"礼""仁""理"与生命结构、生命存在 ············· 45
  二、君子、勇儒与生命人格光辉 ··························· 52
  三、"吾与点也"的审美圣境与生命意义 ··················· 57

第二节　道家生命美学的基本表征 ······················· 60
  一、"一""养""游"与生命结构、生命存在 ············· 60
  二、"神人""圣人"与生命人格魅力 ····················· 63
  三、"道通为一"与"逍遥"的审美人生化境 ··············· 65

第三节　禅宗生命美学的基本表征 ······················· 70
  一、"禅""空"与生命结构、生命存在 ··················· 71
  二、"无相""非凡非圣"与佛的人格 ····················· 74
  三、"不二法门"与般若境界 ····························· 77

第三章 中国生命美学的价值取向 ……… 80

第一节 价值定位：现世主义与生命自强不息 ……… 80
一、现世主义的优生情怀 ……… 81
二、生命自强不息的生生法则 ……… 89

第二节 生命理想：完美人格与审美人生 ……… 96
一、完美人格的开掘与建构 ……… 96
二、审美人生的营造与建构 ……… 104

第三节 终极关怀：生命自我实现与生命不朽 ……… 111
一、生命的自我实现 ……… 111
二、生命的不朽与永恒 ……… 125

第四章 中国生命美学的艺术精神 ……… 132

第一节 艺术心态：天人的融合与灵性的透悟 ……… 133
一、天人融合的艺术心态 ……… 133
二、灵性透悟的艺术心态 ……… 141

第二节 艺术表现：生命的写真与神韵的传达 ……… 149
一、生命的写真 ……… 149
二、神韵的传达 ……… 157

第三节 艺术境界：情思的诗化与艺境的创造 ……… 164
一、情思的诗化 ……… 164
二、艺境的创造 ……… 175

第五章　中西生命美学之比较 ··· 183
　第一节　形态比较：中西生命美学的特征差异 ······················ 183
　　一、身体之维：中西生命美学特征差异之一 ························ 184
　　二、存在之维：中西生命美学特征差异之二 ························ 193
　　三、实践之维：中西生命美学特征差异之三 ························ 201
　第二节　特质比较：中西生命美学的异质同构 ······················ 209
　　一、和谐抑或解放：中西生命美学的性质差异 ····················· 209
　　二、走向一种理想的生命发展态势：中西生命美学的价值同构
　　　　··· 218

结语　伊壁鸠鲁夹缝中的生命诉说 ··· 224
参考文献 ··· 227

绪　论

在知识与信仰之间：对当下美学论争的一点思考

　　中国当下的美学问题研究从来就不缺少研究者，而美学之为美学自柏拉图所断言"美是难的"伊始，就似乎恒越在学者面前，成为欲说还休、言不尽意的千古难题。中国当下的美学研究习惯于对"美是什么"做出解答而形成美学的各种流派，如客观派的美在典型、主观派的美在主观、实践派的美是人的本质力量的对象化、后实践派的美在个体的生命体验……另外，面对学科研究向日常生活世界的迫降，一些美学研究者又力图将对美的本质的探讨以及形上的阐释转换到对美学的科学性与操作性的研究上来。回到生活，回到常识，将美感的个体性与差异性凸显出来，使美学最终回归日常生活世界，是他们的一贯主张与思维指向。显然，当下中国美学研究的论争大致离不开这两条路径。其实，我们回过头对中国美学的历史语境进行审视就会发现，"美"在中国古代从来都不成问题，它不关乎知识，又不同于信仰，而是在知识与信仰之间建构起了一种形上的人生境界，这也许才是美学在中国的真实历史境遇与可能发展路径。

一、当下的美学论争：从美的本体建构到美感的体验

20世纪80年代的美学大讨论最终以实践美学的主流地位的确立而暂时平息，而当下中国的美学论争又体现出学者们对实践美学主流地位的怀疑、解构乃至重新建构。毫无疑问，学者们对"美是什么"以及由此导出的美学本体论研究表明了其努力与致思方向；然而，当诸多流派面对"美回到生活、回到常识"的呼唤以及由此导出的美感的个体性、差异性问题的诘难时，却又显得无能为力。从对美的本体建构到对美感的体验，美学论争的表面热闹掩盖不了美学在当下中国所面临的困境，众语喧哗背景下的焦虑是当下学者们的共同心态。

从20世纪五六十年代开始，实践美学就处于各种争论与完善之中，李泽厚先生按照西方传统本体论哲学形态，以积淀说为核心建构其美学体系，使实践美学在美学研究领域获得了极大的认同。"自由（人的本质）与自由的形式（美的本质）并不是天赐的，也不是自然存在的，更不是某种主观象征，它是人类和个体通过长期实践所自己建立起来的客观力量和活动。就人类来说，那是几十万年的积累；就个体来说，那也不是一朝一夕的工夫。自由形式作为美的本质、根源，正是这种人类实践的历史成果。"[①]

然而，实践美学的哲学本体论思维指向以及实践论的整体性、目的性、理性化与实证性致思方向，使其在对美的审视和自身体系完善性的逼问下出现了合理性与合法性危机。20世纪90年代兴起的后实践美学，包括生命美学、超越美学、生态美学等，"把批评的目标对准实践

---

① 李泽厚. 美学三书 [M]. 天津：天津社会科学院出版社，2003：439.

美学的哲学起点即实践，以一种新的本体即生命、生存本体代替实践本体，并在此基础上重新解释美学范畴，建立新的美学体系"①。生命美学将审美活动视为生命的最高、最自由的生存方式，从生命个体与生存情境的视角探讨美的生成与意义的彰显，"既然生命的真实是个体，那么审美活动无疑大有用武之地。就实质而论，审美活动本来就应该是个体的对应形式。……生命一旦回归个体，审美活动也就顺理成章地回归本性，成为生命个体的'一个通道'"②。超越美学注重审美的个体性、自由性、阐释性与意义性，力图借助西方现象学哲学、存在主义哲学等资源来建立以对象或意义为核心范畴的美学体系。"哲学是审美的反思形式，审美是哲学的前反思形式。同时，哲学是美学的基础，美学是哲学的分支，要确立美学的超越性必须先确立哲学的超越性。……通过哲学的改造，美学也就获得了超越的品格。"③ 由于借助了相关哲学资源，"生存—超越美学强调存在的主体间性，它超越了实践关系，克服了主客对立。……生存—超越美学对审美的超越性强调，最终落实到主体间性。审美超越了现实存在的主客对立和主体性，实现了世界的人性化，也使人自身实现了自由"④。可以说，超越美学是从实践美学的危机出发并以其为批评重点的。生态美学作为时代的感召与美学现代转型困境背景下出现的对人的现代性进行反思的新型理论形态，也力图以各种范畴建立起自身的理论体系。"'生态论的存在观'是其基本哲学支撑与

---

① 章辉. 论实践美学与后实践美学之争［J］. 文学评论，2005（6）.
② 潘知常. 生命的悲悯：奥斯维辛之后不写诗是野蛮的［J］. 杭州师范学院学报（社会科学版），2002（6）.
③ 杨春时. 世俗的美学与超越的美学［J］. 学术月刊，2004（8）.
④ 杨春时. 生存—超越美学的现代性［J］. 郑州大学学报（哲学社会科学版），2003（3）.

文化立场；'四方游戏说'是其主要美学范畴，是海德格尔对'世界与大地争执'理论的突破；'诗意地栖居'与'技术地栖居'相对，将审美引向人的审美的生存；'家园意识'针对现代社会人的茫然之感，具有本源性特点；'场所意识'则与人的具体生活环境及对其感受息息相关；'参与美学'反映了生态美学以主体所有感受力参与审美建构的特点；'生态批评'是生态审美观的实践形态。"[①] 另外，以生命美学、超越美学、生态美学为代表的后实践美学对实践美学的反驳与解构，也引发了学者们对实践美学的反思与重新建构；毕竟实践美学在中国具有深厚的根基与研究向度，新实践美学的出现自然是题中应有之义。新实践美学"对实践美学和后实践美学各有批判，试图改造实践美学，并在实践观的基础上，重建新的实践美学理论体系"[②]。总之，从实践美学到后实践美学再到新实践美学的发展理路，体现了学者们力图在形上层面回答"美是什么"的难题，并以一种体系性的、逻辑性的结构关注美。尽管他们对美的对象的定位不同，其本体论的建构也有体系上的差异；但是，其争论的实质都没有脱离美学的抽象逻辑与形上演绎的思维指向，都试图将美学作为一种形上精神科学来建构一个系统化的意义世界。为此，随着美学向日常生活世界的迫降，这一发展理路受到科学美学与生活美学的诘难也在所难免。

自尼采宣布"上帝死了"，人文科学所进行的本体论终极意义的探讨就被笼罩在一片荫翳之中。现象学哲学向日常生活世界的回归以及解构主义哲学对本体论的支离，审美日常生活化和日常生活审美化也成为一种必然趋势。当下美学研究者抓住美学的这一转向，从鲍姆加通对美

---

① 曾繁仁. 当代生态美学观的基本范畴 [J]. 文艺研究，2007（4）.
② 林朝霞. 实践美学与后实践美学在论争中发展 [J]. 学术月刊，2007（4）.

的最初定义出发，认为美是研究感性知识的学科，美学更应该提供一套关于感性研究的学问。回答美感的差异性与个体性是美学的核心论域；回到生活、回到常识是这一美学研究路径的集中体现。"我们的美学研究，只有回到实际、回到常识，从'美感'出发，而不是从子虚乌有的'美的本体'出发，才可能更有作为。"① 这种美学致思方向对美学学科进行正本清源，其现实性立场与科学化旨趣都极具启发性，即使面对美的个体性差异这个简单问题也令各种形上本体论美学研究学派"失语"。科学美学与生活美学对实践美学、后实践美学、新实践美学的反驳是深刻的，也是正中要害的。但是，我们也应该看到，"知识型的美学实在是一种方向性的错误。在美学研究中需要'美学地'加以追求的知识毕竟十分有限，一味这样去做，难免会接近思想的极限，美学最终难免成为喋喋不休的呓语，美学家也难免成为'靠舌头过活的人'（阿里斯多芬）、'精神粮食贩子'（柏拉图）"②。也就是说，美学的发展路径似乎更应该背离研究感性知识的科学化倾向，而进入对审美的精神维度与形上维度层面的探寻，避免美学走向知识化与庸俗化的发展路径。

当下的美学论争是积极的，似乎充满着各种可能指向。热闹争论的表面背后，隐藏的却是学人们的致思努力与焦虑心态，而理想化的中国美学研究路径在当下的美学论争中仍然得不到有效的彰显。

二、回到中国美学的生命向度：从人格到人生的审美致思

从形上本体论层面与知识科学化层面研究美学问题，无疑受西方哲

---

① 杨守森. 美学思维指向辨正：回到常识 [J]. 江西社会科学，2007（12）.
② 潘知常. 生命的悲悯：奥斯维辛之后不写诗是野蛮的 [J]. 杭州师范学院学报（社会科学版），2002（6）.

学思潮的深刻影响,这也似乎源于"中国古代有美无学"论断的逻辑。事实上,中国古代是否"有美无学"并不影响我们关于美学问题研究的思维指向,中国古代丰富的美学智慧与资源应该构成我们美学研究的致思方向与意义旨归。

儒、道、禅作为中国古代思想主流,都有关于美的问题的探讨。与西方对美的研究从本体论与科学常识层面入手不同,儒、道、禅各家对美的研究首先是集中于对人的人格形象的开掘,这与中国古代实用主义哲学和生命情怀是密不可分的,"羊人之美"就是这种人格美学的滥觞。儒家人格美学要树立一种"君子"光辉人格形象,孔子力主"文质彬彬"的君子以树立某种道德与审美权威。孟子继承发挥这一人格理想,提出"充实而有光辉之谓大"的人格高标。唐代杜甫、韩愈等文人树立的"勇儒"型人格形象正是这种人格美学的现实形态。宋明士人突出了儒家人格美学生成的内核,以"气"与"心性"等范畴讨论人格美,以期对圣人人格做出某种心性规定。清代士人对儒家人格美学进行总结,随着各种矛盾的激化,清代士人甚至在实用层面践行着"修、齐、治、平"的人格典范理想。道家人格美学突破了狭隘实用人格主义范畴,以一种绝对的、纯粹的自由为内涵来建构其人格美学体系,对"至人""神人""圣人"的层层追求与超越是道家人格美学的核心论域。佛家对中国古代美学思想影响最深远的当数禅宗,禅宗人格美学以绝对平等与开放的胸襟俯视众生,在日常生活中修炼与得道,从而走向一种"非凡非圣"的理想人格旨趣。可以说,儒、道、禅三家从各自视角为中国古代士人的处世确立了三套人格标准。从对人的审美结构出发,到对理想人格的建构,儒、道、禅美学体现了一致的思维路径。但是,三家美学并不仅仅以人格美学为旨归,而是经由人格美学的人格形象美走向人生美学、生命美学的审美境界美，这也正是中国美学的独特与深刻之处。"中国古代美学思想中更多地表现出人与自然的和谐，表现出对人生境界的追求，更具有人文思想和价值哲学的特点。而且，中国古代美学思想更多地强调人的修养，强调通过人的修养而实现审美的人生境界。"① 也就是说，儒、道、禅美学在给我们展示人格高标的意义在于在各种光辉形象身上见证某种人生境界。儒家美学主张在对"礼"的归化中达到"孔颜乐处"与"吾与点也"的生命审美圣境；道家美学力主超越有形之物，在自由中实现"道通为一"与"逍遥"的生命审美化境；禅宗美学期望在"见佛成性"的顿悟中体验"万古长空，一朝风月"的审美禅境。毫无疑问，中国美学走的是一条感悟式的、体验性的人生美学路径，它试图在对理想人格的建构中彰显一种"落花流水""自由优游"的人生、生命之境。

因此，中国美学的思维指向历来都是清晰的，即对人、人生、生命进行审美观照，经人格美走向人生、生命境界美。只是当我们以"中国古代有美无学"的思维定论以及西方美学体系与思维方式来观照美学问题时，无疑会使原本纯粹的中国美学问题陷入某种学理困境。中国当下的美学论争显然脱离了中国美学的思维指向，这种论争不仅是对中国美学的遗忘与视而不见，而且还会造成中国式的美学研究本身的合法性危机。

三、在知识与信仰之间：当下美学研究的维度展开

对中国美学思维指向的回顾使我们意识到，中国美学从来都不是关

---

① 王建疆. 修养 境界 审美：儒道修养美学解读 [M]. 北京：中国社会科学出版社，2003：2.

乎知识的学科，对知识的追求从来就没有进入中国美学的视域。另外，中国美学相应地承担了古人的一部分人生信仰，但是其并没有走向一条宗教性的、神秘性的美学之路，而是游走在知识与信仰之间，在对人、人生、生命的审美观照中参透出浓厚的美学情怀。

先秦古人还有关于纯粹知识探讨的"名理"之争，自从以儒、道两家为主的诸子百家在"礼崩乐坏"的时代背景下为世人的立身处世设立了各种学说并积极发扬以后，中国古代人文科学都习惯把视角转向对人、人生的关注上来，对美的探讨自然也不例外。儒家学说以血缘与泛血缘为关系纽带建立一个具有等级差别与威严的宗法社会；而儒家美学的意义在于为这种宗法社会的"家长"确立一套道德与审美高标，并由此想象一种至美的人生处境与生命存在的社会环境。道家学说以"道"为至上存在，采取静观的方式超越现世束缚，在个体的绝对自由的前提下实现某种纯粹的人性社会理想；而道家美学的意义在于为这种理想社会树立光辉的"智者"与"神人"形象，使生命的幻想有了某种现实依托与想象维度。可以看出，儒、道美学都是在各自学说背景下展开对人、人生问题的探讨的，从人格美到人生美、生命美是中国美学的核心论域（包括后来的禅宗美学）。由此可见，中国美学对知识的探讨是缺乏兴趣的；另外，中国美学的人学维度又使其承担了作为人生信仰的使命。但是，中国古代社会的实用立场使中国古人远离了宗教信仰，人们的信仰问题，特别是人生信仰在很大程度上都由儒、道、禅所建构的人格美学与人生美学来承担。有意思的是，中国美学的这种地位与使命却并没有使其走向信仰美学，它所体现的人学根基与人文意蕴都拒绝了让美学走向神秘信仰。也就是说，中国美学虽然具有关于人、人生、生命的形上思考，但是其对人格、人生的现实观照又体现了某种现实维度与世俗情怀，中国美学难以在形上思维中走向本体论的建构。由这一理论致思方向，我们发现，中国美学研究可能展开的维度其实处于知识与信仰之间：既远离知识，又关怀人生与生命；既关乎信仰，又拒绝神秘本体，这其实是一种处于游离状态下的研究维度。然而，当下的美学论争似乎将我们的美学研究恰恰推向了两个端点，力图为中国美学建立一套知识论体系，或从本体论上确立美学一劳永逸的学术权威。这既不符合中国美学的历史发展逻辑，也偏离了中国式美学问题研究的思维指向。因此，回到中国美学，在知识与信仰之间展开中国美学研究的可能维度，不仅传承了中国美学的思维指向与意义旨归，而且有力地回应了现世纪人文科学研究的人学旨趣与生命情怀。"当人们读完了弗罗姆对西方资本主义大工业社会的理性批判时，当人们意识到废气、废水和噪音对居住环境和生存空间的污染和危害时，当人们经历了'性解放''性自由'，尤其是经历艾滋病的挑战后又郑重地以一夫一妻制作为家庭生活准则时，现代人终于开始了越来越强烈的对人生审美情趣的执着追求。"[1] 为此，当下的美学论争应该深入介入对中国美学的言说，在言说中彰显中国美学的理论特色与致思方向。

---

[1] 张应杭. 审美的自我 [M]. 济南：山东人民出版社，2007：213.

第一章

中国生命美学的哲学基础

关于生命的美学言说是肇始于关于生命的哲学言说的。中国古代文化中孕育了丰富的有关生命的拷问、生命的追思、生命的彰显等的思想，进而造就与生成了对生命的美学审视。也就是说，关于生命的言说是以"生命"为核心的中国哲学、美学的千年之问、万年之思，正如亚里士多德所言，"存在之为存在，这个永远令人迷惑的问题，自古被追问，今日还在追问，将来还会永远追问下去"[1]。中国古代生死循环的生死观生成了有关生命意识的独特理解及相关表征，阴阳刚柔之重生文化哲学隐藏着浓厚的生命美学意蕴，气之生成、生命与气韵造就了充满生机活力的生命言说系统，妙趣横生与体验感悟生命之水流、花开之境成了有关生命美的形上言说，中国古代生命哲学内在地规定了中国生命美学的可能发展路径。

---

[1] 亚里士多德. 亚里士多德全集·形而上学 [M]. 北京：中国人民大学出版社，1993：153.

第一节　生死观与生命意识的生成

生死观一直都是中国哲学系统里的宏大论域，而对生命的不同解释在某种程度上预示了不同哲学流派所具有的内在向度与维度。中国古代的儒、道、禅对于生死皆有自己的理论表述，儒家重生修生而生死俱善，道家保生达生而生死昼夜，佛家自性不二而生死涅槃。虽然三家关于生死各有侧重点，却在整体上不约而同地指向了生命的永恒审美意蕴，即在一种生死循环互文中体验生命存在之大美。

一、终始俱善，人道毕矣

荀子在《荀子·礼论》中指出："生，人之始也；死，人之终也。终始俱善，人道毕矣。"生作为生命之起点与生发点，需要善生而"知天尽性"与"乐以忘忧"；死作为生命之终点与归宿点，同样需要善死而终，获"不朽"与"安于死而无愧"。荀子的生死观代表了儒家关于生死的基本观点，形成了儒家关于生死的理论论述。

在儒家文化与哲学系统里，生死自始至终都是极为重要的存在。《广雅》中言"生，出也"。《广韵·玉篇》中言"生，产也，进也，起也，出也"。显然这些表述都体现出中国传统文化中浓厚的生命意识与生命理念。"生"一进入中国哲学文化视域，就受到古人的重视，所谓"天地之大德曰生"（《易传》）、"天地之所贵曰生"（扬雄语），人们将自然生命的生发、生长、蔓延视为最重要的事，是人的本质体现和存在的依据。湖南马王堆汉墓出土的《十问》就记载了尧、舜的一段对话："尧问于舜曰：'天下孰最贵？'舜曰：'生最贵。'"当然，儒家的重生意识在边界上指向异己的他者与天地，即推己及人与民胞物与的重生衍生模式，"亲亲而仁民，仁民而爱物""老吾老，以及人之老；幼吾幼，以及人之幼"（《孟子·尽心上》）。"故天地之塞，吾其体，天地之帅，吾其性。民吾同胞，物吾与也。"① 儒家将重生意识延伸至宇宙苍生，以一种泛爱众生的生命情怀体验着生命的存在美。古人不仅重视一般意义上的大生命，他们还尤为重视人的生命，"天地之性，人为贵"（《孝经·圣治章》），并且将人的生命提升到"尽天性"的高度，重生就是符合天性迎合天理，"天地之大德曰生，则以生物为本者，乃天地之心也。……天地之心，惟是生物，天地之大德曰生也。"② 也就是说，在儒家那里，重视生命、敬畏生命、尊崇人的存在是其生死观之"生"的题中应有之义，儒家以"仁"为核心，以血缘泛血缘为纽带建构起来的理论体系本身就充溢着鲜明的生命情结和意识，是以自然生命与人的生命为根本的人学结构，也是一种生仁合一的生命言说，孟子云："仁也者，人也。"（《孟子·尽心下》）宋人也道："心者何也？仁是已；仁者何也？活者为仁，死者为不仁。今人身体麻痹不知痛痒，谓之不仁；桃杏之核可种而生者，谓之桃仁杏仁，言有生之意。推此，仁可见矣。"③ 为此，我们看到，在儒家的哲学论域中，言"生"是一个极为平常而又重要的议题，它既关乎存在之基础，也指向存在之意蕴，具有言说的理论维度与历史发展向度。

"死"是儒家关于生命言说的另一个重要理论维度，所谓"死，人

---

① 张载. 张载集·西铭 [M]. 北京：中华书局，1978：62.
② 张载. 张载集·横渠易说 [M]. 北京：中华书局，1978：62.
③ 谢良佐. 上蔡语录·上 [M]. 文渊阁四库全书本. 上海：上海古籍出版社，2003：3.

之终也"(《荀子·礼论》),在重生的文化哲学土壤中力主"终始俱善"(《荀子·礼论》),体现出儒家对"死"的看重以及理论建构。首先,儒家思想将"生"与"死"并举,认为生死都是自然规律的体现,每个个体都需要坦然面对。"审知生,圣人之要也;审知死,圣人之极也。知生也者,不以害生,养生之谓也;知死也者,不以害死,安死之谓也。此二者,圣人之所独决也。凡生于天地之间,其必有死,所不免也。"(《吕氏春秋·节丧篇》)"有生者必有死;有始者必有终;自然之道也。"(《法言·君子》)也就是说,不仅圣人要审生死而顺天命,每个自然个体也应安生死而不害,则"孔颜乐处"与"吾与点也"而成圣。其次,儒家哲学具有浓厚的现实主义情怀,其往往更多地将视线放在"生"上,探讨"生"与在世的意义,进而形成对"死"的漠然态度,如孔子所言,"务农之义,敬鬼神而远之,可谓知矣"(《论语·雍也》),"'未能事人,焉能事鬼?'曰:'敢问死?'曰:'未知生,焉知死?'"(《论语·先进》)儒家认为,"死"就是生命的终结,生命的终结意味着作为个体人的感性存在的丧失,失去生命的人显然难以关注身后事。为此,早期的儒家先贤对未可知的"死"是不予评说的;虽然他们也时常提及有关"死"的话语,但是"死"在整个儒家话语体系里面仍然是缺失的。

我们看到,儒家哲学既然将"死"作为"生"的对应物与过程终结的临界点,其更加重视和倾向于将"死"的意义置换到"生"上,即所谓的立德、立功、立言来实现生命的永恒,"太上有立德,其次有立功,其次有立言;虽久不废,此之谓不朽"(《左传·襄公二十四年》)。当然,儒家这种现实主义的生命观使其将"生"看得尤为重要,甚至不惜"舍生取义"而成"仁"。"王子比干杀身以成其忠,尾生杀身以成其信，伯夷叔齐杀身以成其廉。此四子者，皆天下之通士也，岂不爱其身哉？为夫义之不立，名之不显，则士耻之，故杀身以遂其行。由是观之，卑贱贫穷，非士之耻也。夫士之所耻者，天下举忠而士不与焉，举信而士不与焉，举廉而士不与焉。三者存乎身，名传于世，与日月并而不息，天不能杀，地不能生，当桀纣之世，不之能污也。然则非恶生而乐死也，恶富贵好贫贱也，由其理尊贵及己而仕，不辞也。"[1]在儒家哲学看来，虽生命本体不在于世，但能够达到"名传于世"更是"死"的最好归宿与宿命，因为"道德性命是长在不死之物也，己身则死，此则长在"[2]。显然，儒家哲学的善终与善死是依赖于生命主体的价值实现与生命精神衍生的，通过这样一种生死置换，儒家哲学的生命观就具有极为乐观的现世价值与精神内核，并且内在地与儒家政治学说所强调的勇儒人格与入世价值取向相适应，构成了儒家哲学关于生死言说、生命意识的基本维度。也就是说，在儒家哲学那里，"生"且重之是极为重大的论域，"生"是人生价值的凸显，"生"而成"仁"，进而成"圣"，体现了儒家哲学对人格美、生命美的形上建构。"死"而不朽，"死"向"生"转换而实现"死"而无憾，"死"这一本身具有悲剧意味的话语在儒家哲学体系中则生发出宏大的价值理趣与审美意蕴。

二、死生为昼夜，长生久视

道家哲学具有鲜明的生死观念与价值取向，在道家看来，虽然社会满目疮痍处处都是伪生现象，但其仍然坚守对"生"的形上观照，寄

---

[1] 韩婴. 韩诗外传集释·卷一 [M]. 北京：中华书局，1980：9.
[2] 张载. 张载集·经学理窟 [M]. 北京：中华书局，1978：288.

希望于通过"达生""卫生""养生",直至"赏生",走向对大道的体悟与生命的超越,即实现生命的"长生久视"(《道德经·第五十九章》)而不朽。同样,在道家哲学那里,"死"之不能止乃生命大限,个体生命当"知其不可奈何而安之若命"(《庄子·人间世》),在顺应大道的过程中看淡生死,实现逍遥游。

  道家哲学是非常重视生命存在与生命发展的,其往往将真实的生命存在作为出发点,并内在地强调与指向对生命形上本体意义的建构。首先,道家哲学是重视感性生命存在的,"名与身孰亲?身与货孰多?得与亡孰病?"(《道德经·第四十四章》)的现实追问与实际感受让道家圣人认识到"失性于俗""丧己于物"(《庄子·缮性》)的危害,遂重生而不背于自然之道。为此,道家哲学对现实社会中对感性生命伤害的行为极为不满,尤其对身体残缺之人、畸人丧失自然本真生命采取了批评的立场。"夫天下至重也,而不以害其身,又况他物乎!"(《庄子·让王》)正所谓"仙道贵生,无量度人"(《元始无量度人妙经》)。其次,道家哲学所主张与认同的"生"是自然之"生",面对个体生命失落的当世,道家哲学提出了著名的"养生"说。"吾生也有涯,而知也无涯,以有涯随无涯,殆已;已而为知者,殆而已矣。为善无近名,为恶无近刑。缘督以为经,可以保身,可以全生,可以养亲,可以尽年。"(《庄子·内篇·养生主》)道家的"养生"不仅主张个体要保全完整的感性生命形式,而且强调身心的内在融合,守真不二,抱神以静,进而实现生命的充盈无缺与形上超越。最后,道家哲学虽然重视感性生命存在,但其更加重视生命之"道"的彰显,其往往将感性的生命作为宇宙大道的外在形式,从而使其重生观念走向了形上言说。"致虚极,守静笃。万物并作,吾以观其复。夫物芸芸,各复归其根。归根曰静,静曰复命。"(《道德经·第十六章》)作为效法自然的个体生命必然要归本,即合于天、合于大道,"浮游乎万物之祖,物物而不物于物,则胡可得而累邪!"(《庄子·山木》)则生命归于本真,大道得以体悟与呈现。

道家哲学重生、卫生、养生而不执着于感性生命形式,这恰恰体现了其关于"死"的独特认识。道家认为"死"是自然规律,个体生命要顺应自然,理应看透生死大限而不惑,"人生天地之间,若白驹之过隙,忽然而已。注然勃然,莫不出焉;油然寥然,莫不入焉。已化而生,又化而死。生物哀之,人类悲之。解其天韬,堕其天帙。纷乎宛乎,魂魄将往,乃身从之。乃大归乎!"(《庄子·外篇·知北游》)生死乃人生之常态,追求大道的人不应在乎生命形式的长短,过于"生生之厚"与哀怜生命只会自伤生命,"死生为昼夜"(《庄子·外篇·至乐》),个体生命应本于初心,不待他成以自成,以本真的生命形式去体悟大道。当然,道家虽然遵循生命形式的自然法则,但是其认为"死"不应是"生"的终结,恰恰是一段新的生命的开启。在道家看来,世界是污浊的,个体生命形式是缺失与遮蔽的,"人之生也,与忧俱生,寿者惛惛,久忧不死,何苦也!其为形也亦远矣"(《庄子·外篇·至乐》)。而"死"就成了一种对现实束缚的放弃与自我解脱,甚至会通达一种超越之境,"明乎坦涂,故生而不说,死而不祸,知终始之不可故也"(《庄子·外篇·秋水》)。道家是乐"死"的,其不仅对"死"无所畏惧,而且更是在一种与"生"而无喜的比照中凸显"死"的价值与意义。"死,无君于上,无臣于下;亦无四时之事,从然以天地为春秋,虽南面王乐,不能过也。"(《庄子·外篇·至乐》)也就是说,道家哲学追求的是一种"死"而不亡的生死境界,"死"与道合一可以超越生死大限而具有无穷的形上本体意义。

道家重生而不惧死，卫生、达生而又不乐生，这是与其内在价值诉求相一致的。道家哲学可以说是一种超越哲学，其往往将"生""死"仅仅作为个体生命外在的感性存在，"生"与"死"并不意味着生命的开启与终结，而是整个生命流程的阶段呈现。在这一生命流程中，"生"与"死"可以转化而超越感性存在，超越生死大限，达到忘生忘死、不生不死的逍遥之境。"吾之所以有大患者，为吾有身，及吾无身，吾有何患？"（《道德经·第十三章》）"生""死"在道家哲学那里是需要被超越的，超越了个体的有限生命，忘掉感性存在与排除欲望束缚，借助内在的"心斋""坐忘"，达到精神上的与"道"合一，合于天融于自然，"忘其肝胆，遗其耳目，茫然彷徨于尘垢之外"（《庄子·外篇·达生》），"若夫乘天地之正，而御六气之辩，以游无穷者，彼且恶乎待哉？"（《庄子·内篇·逍遥游》）这种畅生忘死、逍遥无待的个体生命存在才是本真的存在，才真正悟彻大道。这样一种生命的致思路径使道家哲学的生命意识与观念极具美学意蕴，使个体生命存在具有了向内与向外的两种维度，也使中国古人关于生命的认识与把握更加具有超越的向度与形上的思索。

三、五蕴聚合，命尽神迁

禅宗自在中国土壤孕育生发，其关于生死的论述就深刻影响着人们对个体生命的认识。佛家讲究色、受、想、行、识五蕴聚合，生命自五蕴而生而死，无常无我，连绵不断。外在的生命形式只是色身的体现，命尽而神迁，自性而圆成，超越生死，见性成佛，禅宗在一种摒弃无明之苦的生命体悟中走向了"极乐世界"的形上建构。

禅宗虽然不以"生"为理论基点，但是面对万物并生的自然，禅宗也有关于"生"的言说。首先，在禅宗看来，色身乃生命之自然属性，如水流花开，无往而不复，宇宙苍生皆因循而存在，因而人要看破"生"理，放下执与不执，生而洒脱。其次，禅宗力主众生平等，"尔时，无有男女、尊卑、上下，亦无异名，众共生世，故名众生"（《佛说长阿含经》）。禅宗继承了原始佛教的生命观，将世间万物、有情或无情之物统统纳入自身义理之中，慈悲为怀，善待一切生命感性形式存在。当然，禅宗虽然强调平等对待宇宙万物，但是这种价值观点显然是源于其"自性"理论的，若无"自性"则无所谓"众生平等"，众生平等皆因自有佛性，自性清净则自在超越。"自性含万法，名为含藏识。思量即转识，生六识，出六门、六尘，是三六十八。由自性邪，起十八邪；若自性正，起十八正。恶用即众生，善用即佛。用由何等？由自性。"（《六祖坛经注释》）禅宗对"生"的言说是由外在生命形式进入内在生命结构之中的，是对生命存在的本性把握。最后，禅宗认为"生"而作"苦"，个体生命在世皆有生、老、病、死、怨憎会、爱别离、求不得、五蕴炽盛，如果将视线停留在生命感性形式的存在，则会沉沦苦海。也就是说，禅宗对"生"的理解是颇为独到的，既不排斥和决然放弃感性生命存在形式，又不过于在乎与祈求色身的永恒；既悲悯众生，力主众生平等，又强调众生需弃无明而悟佛性；既认为人生在世而苦海无边，又主张心如止水见性成佛，禅宗以一种般若智慧开启了生命在世的独特表征，所谓"佛是自性作，莫向身外求。自性迷佛即众生，自性悟众生即是佛"（《六祖坛经注释》）。

禅宗对"死"的言说要重要和系统得多，虽然"佛法不离世间觉"，但是"死"是在世的超脱与解放，是佛性生命得以化生的前提，

18

是获得涅槃寂静大乐的可行路径。首先，禅宗以为生死自如，尤其"死"是个体生命无法抗拒的宿命，生死皆"无念"。"何名无念？知见一切法，心不染著，是为无念。用即遍一切处，亦不著一切处；但净本心，使六识出六门，于六尘中无染无杂，来去自由，通用无滞，即是般若三昧，自在解脱，名无念行。"（《六祖坛经注释·般若品第二》）个体生命应顺应自然，即"生死事大，无常迅速"，看淡死生，进而了脱生死，这是禅宗生命哲学的重要维度。"何谓参禅是向上要紧大事？盖为要明心见性，了生脱死。生死未明，谓之大事。祖师道，参禅只为了生死，生死不了成徒劳。"（《天如惟则禅师语录》）显然，禅宗使看透生死与参禅悟道相互印证，以消解生死之意来慰人心灵，临"死"而不惧，"几回生，几回死，生死悠悠无定止。自从顿悟了无生，于诸荣辱何忧喜"（《永嘉证道歌》）。其次，禅宗重"死"，强调"死"的世界同样是禅观的世界，"死"是退却色身的腐朽，却是涅槃的永生。"是身不坚，犹如芦苇、伊兰、水泡、芭蕉之树。是身无常，念念不住，犹如电光、瀑水、幻炎，亦如画水，随画随合。是身易坏，犹如河岸临峻大树。是身不久，当为狐狼、鸱枭、雕鹫、乌鹊、饿狗之所食啖。谁有智者当乐此身？……是故当舍如弃涕唾。"（《涅槃经》）禅宗提示个体生命要"大死一番而后生"，主张从"死"的现象去发掘无生无灭的本质的，是从个体生命内在维度以外在的"死"来赋予心灵生命永恒的意义的。最后，禅宗视域中的"死"是需要超越的，超越肉体色身以及时空上限，摒弃畏"死"而生的物欲情欲，由"了脱生死"走向超越生死，"决欲要超越生死无常"（《示海印居士沈王王璋》），体现出极为鲜明的生命人格之美与精神品格之美。

当然，禅宗的"死"是与"生"紧密关联的，生死轮回循环不仅使现世感性生命获得了提升的空间，而且使"生""死"话语呈现出鲜明的形上意蕴。在禅宗那里，"生""死"皆为平常，个体生命的"生"与"死"都只是生命轮回体系中的一环，无所谓永恒的"生"，亦无永恒的"死"，生死流动不息，体现出浓厚的生命意识与死亡智慧。需要指出的是，禅宗对"生""死"言说的出发点是"佛性"，这不是色身的肉体所能担当的，亦不是精神层面的"妄心"与"欲念"所能企及的，"佛性"直指个体生命的"真心"、禅性与"本来面目"，使每个个体生命都具有内在超越维度，即所谓"道由心悟"（《六祖坛经注释·护法品》）。由心悟道，自成佛道，超越有无、是非、生死，而这种超越不限于内外，不限于时空，不限于生死，将个体生命作为"禅"的幻化而置于般若禅境之中，为生命存在指引出绝美的"极乐世界"。禅宗的生命致思理路是富有超越维度与形上色彩的，它不仅改变了人们对生死的感性认识，而且扩大了生命内在维度的美学意蕴，更是开启了从"心性"角度对"禅道"的形上审美把握。

第二节　阴阳之道与生命的美学意蕴

阴、阳是《周易》哲学的基本范畴，也是中国古人对世界思索的基本逻辑理路。阳爻、阴爻的符号系统不仅彰显了先民的生殖文化意识，而且孕育了其朴素的生命生发与存在理念；阴阳对立相生相长，刚柔相济而知幽明之故明生命之理，体现对与天地合的中和之至美境界的追求；"易也者，易也，变易也，不易也"（《周易·泰卦》），生命周流不待，变动转化自成而道显美生，"一阴一阳之谓道，阴阳是气，不是道，所以为阴阳者乃道也。若只言阴阳之谓道，则阴阳是道。今曰'一阴一阳'，则是所以循环者乃道也"[1]。阴阳哲学范畴形成了古人朴素而系统的认识概念与方法原则，凸显出浓厚的生命美学意蕴。

一、弥纶天地，无所不包

"一阴一阳之谓道"（《周易·系辞上》），阴阳范畴构成了中国古人对于世界的基本认识。"阴"在西周金文中意为山之阴面或云遮住了阳光，所谓"幽无形，深不测之谓阴也"（《太玄》），"所谓阴者，真藏也"（《素问·阴阳别论》）。"阳"在甲骨文中意为"高明也"（《说文解字》），所谓"向日为阳"（《周礼·考工记·轮人》）也。在古人的思维模式中，世界上的万事万物都是相对、相生、相长的关系，"阴""阳"就构成了世界万物生发与存在的基本要义。

阴阳卦象、爻辞是具有丰富的生命意蕴的，首先体现的是古人的生殖文化崇拜意识。阴爻（— —）和阳爻（—）的符号表征就极具象征意义，即男根与女阴之意，这是近身取象；而且八卦皆以阴爻、阳爻为根基生发，两两相重为六十四卦，进而演化为三百八十四卦，变化无穷，男女相对、老少相称，阴阳两性相生则万物化育。当然，古人对于阴阳的生殖崇拜还体现在对某些特定自然现象的认同与建构，如山泽、云雨、日月、天地，皆可作阴阳两性观之。"咸，感也。柔上而刚下，二气感应以相与。止而说，男下女，是以'亨利贞，取女吉'也。"（《周易·咸·传》）"山"即为男性生殖器官，"泽"为女性生殖器官，山泽气而感之则万物化成。"云行雨施，品物流行"（《周易·乾·

---

[1] 黎靖德. 朱子语类·卷六十六[M]. 北京：中华书局，1983：1640.

象》），天地使云气流行，雨泽施布，则品类昌盛万物繁育，具有明显的创造生命的交媾行为暗示。"日往则月来，月往则日来，日月相推而明生焉。"（《周易·系辞下》）日月相推可意为男女交媾，对日月之称赞可意为对生殖文化之崇拜。"乾"为天，万物之原初；"坤"为地，万物之生发，乾下坤上，意为阴阳相交，天地合则万物生，"天地氤氲，万物化醇。男女构精，万物化生"（《周易·系辞上》）。古人明晓了男女相交对生殖文化的建构意义，故与男女相对应的阴阳理念大而化之就能生发人伦、自然、万物、宇宙，古人以自身的生发体验与存在感受将生殖崇拜推衍到宇宙苍生，在一种生生与生、生生与共的生命系统中共同感受着生命的生发奥妙。

　　阴阳二元对立，万物赖之以生，弥纶天地，无所不包。阴爻（— —）和阳爻（—）两种最为基本的符号叙事系统，其生发衍化两两相对，以极其鲜明的二元对立结构用卦象的形式预演着大千世界的造化理趣。"《易》与天地准，故能弥纶天地之道。仰以观于天文，俯以察于地理，是故知幽明之故；原始反终，故知死生之说；精气为物，游魂为变，是故知鬼神之情状。与天地相似，故不违；知周乎万物，而道济天下，故不过；旁行而不流，乐天知命，故不忧；安土敦乎仁，故能爱。范围天地之化而不过，曲成万物而不遗，通乎昼夜之道而知，故神无方而《易》无体。"（《周易·系辞上》）古人将《易》之阴阳作为天地变化大道的准则，也以为阴阳相生相对包容世间一些事物之变化规律。天文、地理、生死、鬼神、智愚、忧喜，莫不是《周易》之阴阳变化规律之所现。《周易》通"昼夜之道"，无所不包，穷尽世间万物，所谓"夫《易》广矣大矣，以言乎远则不御，以言乎迩则静而正，以言乎天地之间则备矣"（《周易·系辞上》）。阴阳二理即为三道，天道、地道与人道，所以《周易》会弥纶天地之间。当然，我们应该注意到，《周易》阴阳之道虽有三个层面，且以天道为本源与根基，但其始终没有脱离人道而空泛玄谈，也没有完全落实到现实人生形下层面做俗化的义理阐释，其谈天道必言人道，"圣人设卦观象，系辞焉而明吉凶，刚柔相推而生变化。是故吉凶者，失得之象也；悔吝者，忧虞之象也；变化者，进退之象也；刚柔者，昼夜之象也。六爻之动，三极之道也。是故君子所居而安者，《易》之序也；所乐而玩者，爻之辞也。是故君子居则观其象而玩其辞，动则观其变而玩其占，是以自天佑之，吉无不利"（《周易·系辞上》）。天道运行，圣人观之以化成天下事，由天道推及人道，再回到"三极之道也"，这基本上是《周易》阴阳之道的内在指向与潜在逻辑。也就是说，《周易》阴阳之道既超越了儒家"仁"的狭隘的社会人生层面，也规避了道家言自然入玄幻的模糊言说路径，在总体上形成了自然与社会、内在与外在、形上与形下相对圆融和合的生命阐释维度。

二、刚柔并蓄之美

阴爻、阳爻有着丰富深厚的意义指向，在审美风尚上指向刚柔对立，这突出地体现在乾阳阴坤的物象体现建构中。在古人看来，万物有阴有阳则有刚有柔，阴柔与阳刚互渗互透，流转变动，则万物之美尽显，"观变于阴阳而立卦，发挥于刚柔则生爻"（《周易·说卦》），阳为刚，阴为柔，刚柔相兼杂糅而有体，万物阴阳相生而刚柔并蓄是为合乎大道为大美也。

《周易》"乾"卦六爻皆取龙象，其以天道为体现阳刚强劲之美。"潜龙勿用""见龙在田""飞龙在天""亢龙有悔"就是在一种渐进变化的过程中彰显出阳刚之促生、生发、茂盛与消亡。当然，古人言天道之阳刚，是为凸显人道之刚健，孕育了浓厚的个体生命美学意蕴，"'乾，健也。'言天之体以健为用。圣人作《易》本以教人，欲使人法天之用，不法天之体，故名'乾'，不名天也。"（孔颖达《周易正义》）个体生命效法于天道而"施人事"，"'终日乾乾'，无时懈倦，所以因天象以教人事。于物象言之，则纯阳也，天也。于人事言之，则君也。父也。"（孔颖达《周易正义·上经乾传卷》）这样，天道常理就自然过渡到人道人伦，天之阳刚就衍化为君与父之尊贵。而"乾"有四德，皆为纯阳之所现，能使万物刚正和谐，"'元，始也。亨，通也。利，和也。贞，正也。'言此卦之德，有纯阳之性，自然能以阳气始生万物而得元始亨通，能使物性和谐，各有其利，又能使物坚固贞正得终。"（孔颖达《周易正义·上经乾传卷》）个体生命须法元、亨、利、贞，则成其仁、礼、义、智，并且在天道生万物的进程中实现君子阳刚人格之审美建构。

"坤，顺也"（《周易·说卦》），意为顺天道之地利，其以顺应天道体现出阴柔之美。"柔顺利贞""地势坤""坤至柔而动也刚""阴虽有美，含之"等，不仅指出了事物生发、生长过程中的阴柔之面，而且同样从人道方面阐释了"坤"与"阴"的重要性。"坤：元，亨，利牝马之贞。"（孔颖达《周易正义·上经坤传卷》）"坤"配"乾"，"地"配"天"，此乃创生万物之要旨。作为阴柔之"坤"与"乾"相互作用共生能使万物各得其所，像母马一样柔顺安正。"坤"在下在地，与天相承，其以柔顺之德配天道，则万物滋养而不失本体。由"资始"到"资生"，从刚健统领之天道到阴柔顺承之地道，"坤"与"乾"构成了内含对立统一的同构关系。"至哉坤元，万物资生，乃顺承天。坤厚载物，德合无疆。含弘光大，品物咸亨。牝马地类，行地无疆，柔顺利贞。"（《周易·坤卦》）也就是说，以柔顺为出发点与根本，不仅显得厚实和顺，而且始终无所祸。由此可见，主"阴"之"坤"呈现出较为鲜明的个体生命建构维度。一是"坤"乃"万物资生"，个体生命具有生长之德。万物借"阴""坤"而资生，赖之以生以长，这是一种重生意识与"生生"观念。二是"坤厚载物"，"坤"是一种广厚之德。地无疆则品无尽，君子自然要秉承"坤元"之气，厚德载物而成其性。三是"坤"乃顺承天道，具有阴柔顺和之维，这是一种依生之德。个体生命若能明了顺应之道与依生之理，则不会不见生命本体而有损生命之本真，个体生命同样有阴柔之形式，个体生命人格之阴柔形态也同样需要去现实建构，"君子敬以直内，义以方外，敬义立而德不孤。直方大，'不习无不利'。则不疑其所行也。阴虽有美，含之，以从王事，弗敢成也。地道也，妻道也，臣道也。地道无成而代有终也"（《周易·坤卦·文言》）。

"乾""坤"所承载之"阳""阴"是相互依存、相互作用的，其不仅是一种对立统一的关系，更是一种竞生、共生的关系。首先，作为万物存在的意义确证，二者在"资始"与"资生"的维度上共同操控着万物的存在与生发。其次，"阳""阴"是有主次之分的，"阳"为天道以显，"阴"为地道以显，所以阳爻居阴爻之上乃万物常理，"阴"须顺承"阳"而孕育万物。最后，"阴"虽为顺和，但却是"阳"的必要搭配与补充，阴阳互补，刚柔相济，"'行之不以牝马'，牝马谓柔顺也。'利之不以永贞'，永贞谓贞固刚正也，言坤既至柔顺，而利之即不兼刚正也。'方而又刚'者，言体既方正，而性又刚强，即太刚也。所以须'牝马'也。'柔而又圆'者，谓性既柔顺，体又圆曲，谓太柔也，故须'永贞'也"（孔颖达《周易正义·上经坤传卷》）。即太刚太柔皆不圆满和谐，以阳刚为首，配之以阴柔，二者并蓄是为大美。此外，作为生命存在的个体，人自然要遵守天道、地道以成人道，在生命的肇始、生发、生成过程中建构一种阳刚强健而不失优柔博雅的理想生命存在形式与审美范式，所谓"一阴一阳之谓道，继之者善也，成之者性也"（《周易·系辞上》）。

三、生命周流变化，无往不复

阳乾大道象天，万物借之以生；阴坤大道象地，万物借之以长。阳乾刚健有力，阴坤顺柔有度；万物就是处在乾坤阴阳之往复中周而复始的。生命阴阳相生，阳主阴从，生命形式积极向上；生命阴阳转化，动静结合，生命形式流动而不朽；生命"含章可贞""柔顺利贞""黄裳"之中庸之道，是为生命阴阳协调，刚柔相济。"君子'黄'中通理，正位居体，美在其中，而畅于四支，发于事业，美之至也。"（孔颖达《周易正义·上经坤传卷》）生命在一种动态的流变历程中呈现出绝美的存在样式。

生命的生发、生长是要主阳的，阴柔太盛则不利，"龙战于野，其血玄黄。阴之为道，卑顺不盈，乃全其美。盛而不已，固阳之地，阳所不堪，故'战于野'"（孔颖达《周易正义·上经坤传卷》）。此处以龙为喻，强调阴阳相推，极阴之不利且阳"不堪"，阳气之龙须与之交战，阴阳相伤之下，则阴须向阳转化，阴阳和谐需要在一种主阳从阴的格局中达到统一。"硕果不食，君子得舆，小人剥庐。"（《周易·剥卦·上九》）阴虽处于极盛，但一阳在阴之上，仍有转化复生之机；君子物质上虽然毫无所获，却深得民心、品望。如若一阴居五阳之上，虽阳多于阴，但难有转化复生之理；小人不仅毫无所得，且家破人亡。这就是强调，作为个体生命形式而言，在合乎天道、顺承地道的过程中，更要明晓阴阳之道，虽阴阳恒常变易，但仍需力主以阳为归宿，推动阴向阳的积极转化，生命形式才会积极向上，各得其所。

  阳主阴从体现了古人关于生命存在与生发的总体趋势，在这一总体趋势下，古人更有一种坚定永恒的变化意识，即一种常态的、有序的、和谐的阴阳转化观念。《周易》用阴阳符号为我们建构了一种二元对立相生的意义世界，并且以变化的思维模式诠释了符号的意义表征，"无平不陂，无往不复"（《周易·泰卦》）。首先，古人的这种变化观念应该体现为一种对立转化，如《泰》卦与《否》卦就存在着一种对立相生的意义指向，上坤下乾与上乾下坤既对立也可转化，正所谓"泰极否来，否极泰来"（《周易·否卦》）。也就是说，在古人看来，阴阳乾坤向对立面的转换是大千世界、万物生命的常态与发展规律。其次，古人的阴阳变化观念也体现出生命生发有序的流动意识，是生命渐进有序的逻辑再现。在《周易》卦象中，无论是近身取象，还是远身取象，其由六爻所构成的卦象往往从下到上，从低到高体现出事物的生发、初长、茂盛、逆生等体态过程。如前面所提到的《乾》卦，"潜龙勿用""见龙在田""或跃在渊""飞龙在天""亢龙有悔"，就明显地呈现出事物生发之积蓄、初长之向上、生长之进步、生成之圆满、生命之逆长这一生命富有层次感与逻辑性的生长进程。最后，古人的阴阳变化观念也体现出动静结合的变化意识。"始于履霜，至于坚冰，所谓至柔而动也刚。阴之为道，本于卑弱而后积著者也，故取'履霜'以明其始。阳之为物，非基于始以至于著者也，故以出处明之，则以初为潜。"（孔颖达《周易正义·上经坤传卷》）"霜"乃初寒之始，体现为阴道柔顺静默；但静中有变，静中生动，"微而积渐"，终成坚刚，"坚冰"又至。"'六二之动'，直以方也。动而直方，任其质也。"（孔颖达《周易正义·上经坤传卷》）在古人看来，坤卦之六二之爻为最顺，而六二之体却有兴动之自然本性。地坤安静载物，天乾涌动厚德，从阴之静到阳之动，皆要"内外相副"，动静结合，阴阳相生，是为大顺大德。所以古人常言"形躁好静，质柔爱刚"（《周易略例》），实为"内外不相副者"，却在另一层面对动静结合相生的生命变化意识做了很好的诠释。再者，古人的阴阳变化之道还体现出一定的中庸思想，即强调阴阳变化协调，刚柔相济。"释所以'黄裳元吉'之义，以其文德在中故也。既有中和，又奉臣职，通达文理，故云文在其中，言不用威武也。"（孔颖达《周易正义·上经坤传卷》）"黄"乃中之色也，以中和通达为"美之至也"，既不求极阴之盛，也不用损阳疑阳，阴阳居于一种可以调和通融的境地，即使"体无刚健""非用威武"，皆能"美尽于下"。

当然，古人阴阳变化的生命周流不息，更是一种道德生命意蕴。万物阴阳相生、刚柔相济，周流复始，阳主阴从，阴阳和谐相生，个体生命若遵循此道，则至圣载物之极也。"含章可贞，或从王事，无成有终。"（孔颖达《周易正义·上经坤传卷》）个体生命即使外在柔顺，只要内心阳刚而持正道，则辅佐君王事业以成，个体生命存在也能得到极好的保存。"子曰：'君子进德修业，忠信，所以进德也。修辞立其诚，所以居业也。知至至之，可与言几也。知终终之，可与存义也。'"（《周易·乾卦·文言》）个体生命"进德修业""修辞立其诚"，始终保持外在的刚强坚直，内在的中正谦卑，顺应阴阳乾坤之道，则事可成、生命可彰显。总的来说，《周易》所开启的阴阳相交、动静结合、流动变化，从自然天道到人伦道德的生命审美建构，不仅深入生命存在的根本，而且由此指向了中国生命存在的艺术心理层面——生命形上之阴阳刚柔相生、延绵不绝。

第三节 气论与生命精神

"气"原意为烟气、风气、云气、呼吸之气等气体状态物质，在哲学上指向对具体自然物质、现象的观察、体悟与概括所体现出来的一种自在状态。一般意义上而言，古人对"气"的把握是离不开对个体生命的独特体验的，"气"在某种程度上甚至成为生命存在本身，具有一定的生成意义与本体意义。一方面，血气凝聚而万物促生，"气"论成为中国哲学美学关于生命存在与发展的内在言说方式与维度，使中国哲学具有生成论特质；另一方面，气之化合与天地并生，与阴阳调和，与万物共生，气与生相推相进，使中国哲学在生命维度方面具有形上意蕴，并且赋予了哲学论域更多的人生境界与生命境界内涵。再者，气化哲学为中国传统艺术的生命言说做了足够的理论支撑，使中国传统艺术散发出浓厚的生命关怀意识。

一、血气方刚与生命存在

在中国古代哲学范畴中，"气"首先也是作为一种客观物质存在的，是与固体、液体等物质相区别的本体存在；但在后世的演进过程中，"气"更多地与生命存在相关联，由此生成了"气"论的生命本体论内涵，即"气"是生命的本源，天地万物乃"气"之所生，"彼方且与造物者为人，而游乎天地之一气"（《庄子·大宗师》）。

首先，中国古代的"气"论强调万事万物都是气化而来的，"天地氤氲，万物化醇。男女构精，万物化生"（《周易·系辞下》），"气"是构成宇宙本源的基础，是万物生发的本源所在，"天气合气，万物自生"（《论衡·自然》），天地万物均是"气"之阴阳协调的产物，"天地之合和，阴阳之陶化，万物皆乘一气者也"（《淮南子·本经训》）。其次，个体生命的人更是"通天下一气耳"（《庄子·知北游》）的存在，血气方刚成为生命存在与外显的有力确证。"人之生，气之聚也。聚则为生，散则为死。若死生为徒，吾又何患！故万物一也。是其所美者为神奇，其所恶者为臭腐。臭腐复化为神奇，神奇复化为臭腐。故曰：'通天下一气耳。'"（《庄子·知北游》）在这里，庄子指出人的生死乃气之聚散，人之万象皆为气之所现，而气乃生命之本源，"通气"即为合道，是对宇宙大道的体悟与把握。当然，其所强调的"气"更加注重其内在特质，使其所表征的生命存在具有积极的、外显的、刚毅的特性。孟子就十分注重"浩然之气"的"养"成，并将其作为个体生命存在的理想状态。老庄亦主张"抱一"守"专气"，在一种"养气"历练中实现"独与天地精神相往来"之自由生命彰显。《淮南子》中也强调了有"血气"的生命存在才是完整的、有魅力的，才是合乎宇宙法则的，"是故血气者，人之华也，而五藏者，人之精也。夫血气能专于五藏而不外越，则胸腹充而嗜欲省矣。胸腹充而嗜欲省，则耳目清、听视达矣。耳目清，听视达，谓之明。五藏能属于心而无乖，则勃志胜而行不僻矣；勃志胜而行之不僻，则精神盛而气不散矣。精神盛而气不散则理，理则均，均则通，通则神，神则以视无不见，以听无不闻也，以为无不成也"（《淮南子·精神训》）。显然，具有"血气"的个体生命存在也被誉为一种风神气度的生命展现，体现出人格美学的审美向度，"凡有血气者，莫不含元一以为质，禀阴阳以立性，体五行而著形。苟有形质，犹可即而求之。……气清而朗者，谓之文理；文理也者，礼之本也"（刘劭《人物志·九征》）。最后，"气"作为生命存在的本源更具有生成论意义，万物由气所生，但其生发过程是历史性的，具有过程论意义指向。"道生一，一生二，二生三，三生万物。万物负阴而抱阳，冲气以为和。"（《道德经·第四十二章》）也就是说，万物在时间维度上生发、成长，处在一种气韵生动的生命流动过程中循环往复，"'阴阳'虽是两个字，然却只是一气之消息，一进一退，一消一长。进处便是阳，退处便是阴；长处便是阳，消处便是阴。只是这一气之消长，做出古今天地间无限事来。所以阴阳做一个说亦得，做两个说亦得。"① 万物在存在方式上是以阴阳相对相生的，但实质上却是"气"本体的外在显现，不仅事物好坏体现出"气"之浑浊与清澈，事物之大小强弱亦是"气"之升降浓薄之体现，"气"动生命更显现出中国古代有关生命存在与运动的自觉意识与深层体悟方式。再者，中国古代的"气"论在生命存在上走向了一种形上追问，"气"将个体生命存在与宇宙大道有机地融合起来，使个体生命体悟宇宙大道具有了现实可操作运用的形式条件与手段。"天地间生生化化变动不居者，全凭此一元真气主持其间。上柱天，下柱地，中通人物，无有或外者焉。此气之浑浑沦沦，主宰万物。有条不紊者曰理，此气之浩浩荡荡、弥纶万有，宛转流通者曰气，理气合一曰仁。"② 在这里，"气"是天地人连接的纽带与凭借，更是个体生命的人走向天地大道的必然路径；现实的个体生

---

① 黎靖德. 朱子语类·卷七十四 [M]. 武汉：崇文书局，2018：1414.
② 黄元吉. 道德经讲义·第五章 [M]. 北京：中华书局，2012：13.

命存在若遵循这一规律，则会成"仁"，实现对大道的最终体悟，走向内心安逸外在完善的天人合一的理想至境，"夫所谓理者，气之流行而不失其则者也。太虚中无处非气，则亦无处非理。孟子言万物皆备于我，言我与天地万物一气流通，无有碍隔，故人心之理，即天地万物之理，非二也"①。

二、气化哲学与生命精神

正因为有了"气"的存在，中国古代文化与哲学视域中的诸多范畴都具备了动态的生成理路，从而在生命言说方面形成了一个充满生趣与活力的生命和谐系统。"气化流行，生生不息"（戴震《孟子字义疏证》），不仅是生命存在与发展的具体体现，更是生命精神孕育、生发与彰显的源泉。气化哲学所强调的生机、生成、生命为中国文化精神与美学意蕴提供了丰厚的生命维度。

如前面所言，中国古代的"气"论是关乎生命存在的，当然，这种生命存在的确证不是简单的、机械的、刻板的生命物质表现，其首先体现的应该是对自然万物、自然生命精神的肯定与持有。"一气而万形，有变化而无死生也"（《庄子集释》），自然万物的生命是由"气"生成的，正是因为"气"的流动不息与氤氲缠绕，才使得自然生命的存在是充满生机与运动的，"浮而上者阳之清，降而下者阴之浊，其感通聚结，为风雨，为雪霜，万品之流形，山川之融结，糟粕煨烬，无非教也"②。也就是说，在"气"运贯穿的自然生命那里，生死是可以超

---

① 黄宗羲. 明儒学案·卷二十六·南中王门学案二［M］. 杭州：浙江古籍出版社，2012：594.
② 张载. 张载集·正蒙·太和篇［M］. 北京：中华书局，1978：8.

越的，但其内在的精神指向却是永恒的，即"气"赋予了自然生命超越外在存在的精神向度，使其在迫近大道的过程中具有了一定的形上维度与可能路径。此外，对于自然万物而言，如果被灌注了"气"，则生命体鲜活、盎然而有生机，"千岩竞秀，万壑争流。草木蒙笼其上，若云兴霞蔚"（《世说新语·言语》）。宇宙万象皆包裹在"气"中，山川竞秀，群峰显耀，云蒸霞蔚，生命灼灼，万物气韵生动，无穷而无尽。

> 春秋代序，阴阳惨舒，物色之动，心亦摇焉。盖阳气萌而玄驹步，阴律凝而丹鸟羞，微虫犹或入感，四时之动物深矣。若夫珪璋挺其惠心，英华秀其清气，物色相召，人谁获安？是以献岁发春，悦豫之情畅；滔滔孟夏，郁陶之心凝；天高气清，阴沉之志远；霰雪无垠，矜肃之虑深。岁有其物，物有其容；情以物迁，辞以情发。一叶且或迎意，虫声有足引心。况清风与明月同夜，白日与春林共朝哉！（《文心雕龙·物色》）

春夏秋冬皆以"气"为导向，阴阳之气不仅左右着万物的体态，而且内在生成了自然万物的精神内核，所谓"物有其容"，不仅是自然万物因为"气"而具有生命存在的外在形式，更是在"气"的凝聚下有了各种形态，并且体现出一定的情感特征与精神表征，从而展现出自然生命生机勃勃的外在体态。

"气"给整个自然万物生命赋予精神内涵，尤其体现在对个体生命的人的精神维度的涵养与提升。"气"是灌注整个宇宙的，其使整个宇宙气韵生动，生机盎然。"人禀气而生，含气而长"（《论衡·命义》），"气之动物，物之感人，故摇荡性情，形诸舞咏"（《诗品序》），人居于宇宙之中，受"气"及所生之物影响并依"气"而长，自然会显现出不同的生命体态，这种体态是合乎天道的，是天人合一的具体体现，"屈伸往来者，气也。天地间无非气。人之气与天之气常相接，无间断，人自不见"①。由于人顺"气"而生且长，与天地相接应，生命自然美在其中矣，"其形也，翩若惊鸿，婉若游龙。荣曜秋菊，华茂春松。仿佛兮若轻云之蔽月，飘飖兮若流风之回雪。远而望之，皎若太阳升朝霞；迫而察之，灼若芙蕖出渌波。（曹植《洛神赋》）"当然，在中国古代文化体系里，这一具体表征体现在理学家、心学家的言道路径里，"天地充塞无间，惟气而已。在天则为气，在人则为心"（高攀龙《高子遗书·卷四》）。内在的理与心在"气"的孕育、调和与推动下，"率志委和，则理融而情畅；钻砺过分，则神疲而气衰：此性情之数也"（《文心雕龙·养气》），开启完美勇儒人格的现实建构，进而在一种充盈的精神品格观照下，走向宇宙苍生，走向物我融合与天人合一的审美至境。

　　需要说明的是，气化哲学对个体人的生命精神的建构，最终指向的是理想人生境界的建构。无论是"养气""治气""血气"，还是生命显露与精神悠游，对于处于现世中的个体生命而言，都会落实到人生境界的营构。一方面，在"气"的孕育下，生命个体的阳刚血气得到张扬，有血气与桀骜不驯的人格品性在某种程度上成为一定时期生命理想精神状态的标杆，如魏晋时期的人物品藻与生命精神；另一方面，"养气"与静心结合在一起，个体生命在一种虚静的气场中仰观俯察、自在圆成，实现个体生命的精神超越。"闲来无事不从容，睡觉东窗日已

---

① 黎靖德. 朱子语类·卷三 [M]. 北京：中华书局，1983：68.

34

红。万物静观皆自得,四时佳兴与人同。道通天地有形外,思入风云变态中。富贵不淫贫贱乐,男儿到此是豪雄。"(程颢《秋日偶成二首》之二)我们可以看到,在中国古人的意识中,气化哲学在形上层面与精神超越维度具有内在一致性,它们共同建构起了中国古人有关生命的精神想象与审美体悟。

三、气与艺术生命

"气"论对个体生命内在精神维度的建构深深影响着中国艺术的生命表现,其主张个体生命胸中有"气",必须颐养浩然正气,力求血气方刚,涵养存气,将个体生命精神打入各种艺术形式中,实现艺术与生命精神的双重建构与自由呈现,使气韵灌注艺术形式,艺术形式生动活泼,充满生命魅力,中国艺术形成了以"气"为肇始之源、以生命为内在维度、以超越为外在向度的发展路径。

首先,在中国艺术形式的发展过程中,"气"都占据着十分重要的地位,"气道乃生,生乃思,思乃知,知乃止矣"(《管子·内业》)。这里是说"气"主导着人的思想、思维,进而影响着人的认识与行动,其虽未直接谈及艺术创作,却从另一个角度向我们指出"气"对艺术创作主体的内在规定性。刘勰在《文心雕龙》中明确指出了"气"之于艺术主体的规约,"神居胸臆,而志气统其关键"(《文心雕龙·神思》),只有在"气"的统领下,艺术创作才能生发,才能真正实现艺术创作。其次,艺术创作由"气"生发后,对"血气"就尤为重视,甚至将"气"质作为艺术生命的重要源泉,"才力居中,肇自血气,气以实志,志以定言"(《文心雕龙·体性》),创作主体需要"血气"生才,进而体现出一定的志向,最终形成好的艺术形式,这一过程显然是符合艺术创作规律的。当然，艺术主体所具备的"血气"并不只是亢奋刚毅，而是一种内在的和谐，即由"气"所统筹下的外在生理形式与内在心理维度的有机融合，再与艺术客体进行融会化合、主客交心，这样才能真正创作出具有生命活力的艺术作品，"是以诗人感物，联类不穷。流连万象之际，沉吟视听之区；写气图貌，既随物以宛转；属采附声，亦与心而徘徊。故灼灼状桃花之鲜，依依尽杨柳之貌，杲杲为出日之容，瀌瀌拟雨雪之状，喈喈逐黄鸟之声，喓喓学草虫之韵"（《文心雕龙·物色》），创作主体感物创作，在身心和谐的前提下使艺术作品体现出物之婉转、物之体貌与物之生韵。最后，艺术形式在"气"的包裹下会体现出一种生机勃勃的体态，这也是中国艺术的不懈追求与内在高标。苏辙在谈到文章创作时就有过这样的表述：

> 以为文者气之所形。然文不可以学而能，气可以养而致。孟子曰："我善养吾浩然之气。"今观其文章，宽厚宏博，充乎天地之间，称其气之小大。太史公行天下，周览四海名山大川，与燕、赵间豪俊交游，故其文疏荡，颇有奇气。此二子者，岂尝执笔学为如此之文哉？其气充乎其中，而溢乎其貌，动乎其言，而见乎其文，而不自知也。（《苏子由上枢密韩太尉书》）

在这里，苏辙不仅强调"气"之于文章生命艺术的重要性，而且主张学养"奇气"，并且将"气"发于艺术创作，创造出具有气韵的、鲜活的文学艺术作品。在其他艺术形式上，中国古人也是极为注重"气"之于艺术的生命维度，"笔力圆稳，墨气深厚，真有元气淋漓之观"（方熏《山静居画论》），"翰墨中面目各别，而其品有二：元气磅礴，超凡入化，神生画外者为上乘；清气浮动，脉正律严，神生画内者次之。皆可卓然成家，名世传世"（王昱《东庄论画》）。艺术作品在"气"的充盈下散发出绝美的光彩，生命体态也在"气"的氤氲流荡中栩栩如生，整个生命世界也融入艺术的世界，其乐融融，生生与共。

再者，具有生命的艺术形式也同样促进了完美艺术主体的生成，个体生命与艺术生命在艺术创作过程中实现了双向建构。"天地之所生，皆由气化，而非有意于其间。然作者当以意体之，令无不宛合，一若由气化所成者，是能以人巧合天工者也。"（沈宗骞《设色琐论》）个体生命在艺术创作过程中需要与气化世界相融合，以心体之，以人道合乎天道，不仅创造出巧夺天工的艺术作品，而且使个体生命得以彰显与超越，使艺术生生不灭，宇宙生生不绝，生命生生不息。

> 世人止知吾落笔作画，却不知画非易事。《庄子》说画史"解衣盘礴"，此真得画家之法。人须养得胸中宽快，意思悦适，如所谓易直子谅，油然之心生，则人之笑啼情状，物之尖斜偃侧，自然布列于心中，不觉见之于笔下。晋人顾恺之必构层楼以为画所，此真古之达士！不然，则志意已抑郁沉滞，局在一曲，如何得写貌物情，摅发人思哉！（郭熙云《林泉高致集·画意》）

在艺术创作过程中，个体生命得以"宽快""悦适"而不"抑郁"，进而在一种"易直子谅"的境界中达到艺术生命与个体生命的共同超越与审美建构。

第四节　妙悟与生命诉说

中国生命美学的哲学基础不仅源于中国传统文化的生命旨趣，更是在思维层面源于中国古人特殊的体验生命形式。注重由凡入圣的修心历程，在一种水流花开、花落无痕的境界中把握"一花一菩提"，将生命形式融入对大千世界的体悟中，于山水园林中、日常担水时突然领悟生命的真谛。

一、悟与直观生命

"悟"最早出自《庄子》，"物无道，正容以悟之，使人之意也消。无择何足以称之？"（《庄子·外篇·田子方》）"妙悟"作为一个哲学概念，最早出现在僧肇的著作中，"然则玄道在于妙悟，妙悟在于即真，即真则有无齐观，齐观则彼己莫二，所以天地与我同根，万物与我一体"（僧肇《涅槃无名论》）。随着中国封建社会渐趋稳定与成熟，"反求诸己"就成了古人较为固定的致思方向，"悟"的体验方式就很好地表达了这种文化政治背景与美学意蕴。"悟"意为明白、觉醒、觉悟，"未悟见出，意不自得"（范晔《后汉书·张酺传》）。《说文解字》曰："悟，觉也。"从吾从心，亦有指向我心之意。"行事，适有卧厌不悟者，谓此为天所厌邪？"（《论衡·问孔》）顿悟、心灵觉悟就成为中国古人自身修为的重要标准。当然，"悟"的意义的完善与丰富与中国古代玄学、禅宗的形成是离不开的，尤其是"悟"作为一种直观生命的思维方式，更是深深影响着中国古代哲学与文化的历史进程。从本质上而言,"悟"是一种非循序思维、非逻辑思维,是具有瞬间性、真实性、直观性、非线性与启发性的思维方式,而"妙悟"显然更强调"悟"的显现方式与外在特质,且与禅宗直觉观战,道有心悟异曲同工,"其妙谛微言、与世尊拈花、迦叶微笑,等无差别,通其解者,可语上乘"(王士祯《带经堂诗话》卷三)。"妙悟"也即禅悟,非向外在求,专注内在,直指心灵,"则如镜中花,水中月,有神无迹,色相俱空,此惟在妙悟而已"(沈祥龙《论词随笔》)。

"妙悟"作为一种思维方式,显然体现了中国古人关于生命体验的特殊感受。"妙悟"注重直觉顿悟性,尤其在对生命本质把握的过程中,更加强调直视生命形式,直达生命本真,直寻生命意义,"'思君如流水',既是即目;'高台多悲风',亦唯所见;'清晨登陇首',羌无故实;'明月照积雪',讵出经史。观古今胜语,多非补假,皆由直寻"(钟嵘《诗品中》)。我们看到,中国古人的"妙悟"思维方式无须凭借外物,直达生命本身,瞬间生成真实,乃至永恒的意义,具有十分重要的生命意蕴与美学意义。在某种程度上来说,儒家对生命把握的方式比较倚仗外在的"礼"与内在的"理"的规约,是在一种礼制下的生命观照;道家对生命的把握方式虽然比较飘逸与形上,但是其生命形式过于沉溺在大道的体悟中而丧失了自身本体论的意义;"妙悟"将中国古代的生命觉悟、直观体验与禅宗相融合,真正将生命形式置于眼前,以物我两忘的方式在一种直觉思维中进行生命的诉说,"凝神遐想,妙悟自然,物我两忘,离形去智"(张彦远《历代名画记》)。在这里,禅宗对于"妙悟"之于生命的诉说极具代表性。"时有僧问:'如何是祖师西来意?'师云:'庭前柏树子!'学云:'和尚莫将境示人。'师云:'我不将境示人。'学云:'如何是祖师西来意。'师云:'庭前柏树子.'"(《赵州录》)这种非逻辑、非智慧、单刀直入、不假文字的思维方式显然符合"妙悟"的内在本质,也更贴近生命的真谛。"妙悟"关于生命的诉说方式是直观的,这种直观不是简单的直视式的外在接触,即全禅客对所谓"好雪片片,不落别处"(《碧岩录》)的误读与偏执,而是类似禅宗的"立处即真"之意。"问:'觉花未发时,如何辨得真实?'师云:'已发也。'云:'未审是真是实?'师云:'真即实,实即真。'"(《赵州录》)真即实,实即真,触事即真,以"妙悟"来观照生命,即是生命本真的现实显现,是大道的呈现,"然则道远乎哉?触事而真,圣远乎哉?体之即神"(僧肇《不真空论》)。也就是说,"妙悟"对生命的诉说是超越感性层面的,但其却以感性的介入方式去实现形上意蕴的体悟,超越了现象与本质的二元对立结构模式,突破了"德成而上,艺成而下"(《乐记·乐情》)的传统固化思维模式,使中国古人的思维方式呈现出更具东方色彩与浑圆境界,并且将活生生的生命形式与生命背后的形上意蕴置于统一进程中,以"不二法门"的致思路径走在了生命言说的路上。

二、妙悟与生命意义开启

"妙悟"作为一种思维方式、一种哲学概念、一种审美范畴,其意义不仅仅停留在推理方式的变革与对生命存在形式的体悟,而是主要体现在对生命意义的开启,即"妙悟"以一种回到世界的方式介入对生命意义的开启、发现与彰显,以对内在自性的把持实现对生命意义的决定。

首先,"妙悟"生命就是开启生命意义,是一种非功利性的生命形式呈现,这种非功利性的思维模式更加贴近生命意义本身,在一种自在优游的"自适"心态下完成生命意义的显现。"妙悟"所要求的非功利性思维模式需要个体生命保持内在的无为与无目的性，这就像孙过庭所言："心不厌精，手不忘熟。若运用尽于精熟，规矩谙于胸襟，自然容于徘徊，意先笔后，潇洒流落，翰意神飞。亦犹弘羊之心，预乎无际；庖丁之目，不见全牛。"（孙过庭《书谱》）当然，这里主要是指艺术创作中个体生命的心灵自由与无目的性，但可以推而广之，个体生命在面对任何事物时都应该"自然容于徘徊"，这样才能做到直面"全牛"而不受制于"全牛"，进而"解牛"而"妙悟"宇宙生命。其次，"妙悟"之于生命意义开启的过程其实是一种双向建构的过程，是个体生命存在与大千世界的双向互动、交流与共生。作为"妙悟"的主体，个体生命形式其实处于一种"游""适"状态，即游心太玄、人适自适而悟中自得宇宙生命之奥妙，所谓"目送归鸿，手挥五弦。俯仰自得，游心泰玄"（嵇康《赠秀才入军》第十四首）。个体生命与外在事物在对象化过程中，更是一种主客交融、不分彼此的关系，"我见青山多妩媚，料青山见我应如是。情与貌，略相似"（辛弃疾《贺新郎》）。外在事物是个体生命"妙悟"中的事物，其就是生命意义本身，个体生命的"游"态与大千世界的"情"态共同建构起了生命意义得以开启与彰显的场域。最后，"妙悟"之于生命意义的开启基于一种创造性的功用，是在"应感"与天机的启发下对生命意义进行去蔽与开启的，其对生命形上意义的揭示自然更为彻底与丰厚了。正如前面所述，"妙悟"与禅宗相关联，在中国古人的思维中，"妙悟"不是一种简单的定向思维，也不是可以完全言说的观照方式，其与直觉相连，直逼内心，用佛家的话讲，就是一种"慧的直觉"，是一种回归生命内在本明的独特智慧。为此，"妙悟"对生命存在的发现就更具根本性与溯源性，在某种程度上而言,"妙悟"甚至是发现了生命原先被遮蔽的真实,通晓"妙悟"就会进入生命的本质,呈现生命的本真。再者,"妙悟"所开启的生命意义最终指向对世界的意义显现。"妙悟"对生命意义的开启是以发现和呈现生命本真形式为归宿的,但其在视野上显然更为宏大,将意义呈现的场域扩大到大千世界,一花一世界,一叶一本真,以生命互证互显,由外在的、彼岸的世界回到现实的、意义的世界之中;而这就是对生命意义更为形上的开启与呈现。"青青翠竹,尽是法身,郁郁黄花,无非般若"(《景德传灯录》第二十八),大千世界万物都是大道的显现,具体生命形式生发道路不同但殊途同归,最终都指向本真、真谛、意义,进而进入宇宙生命本体形上意义的追问中。

三、山水园林之妙悟与生命境界

中国古人的"妙悟"不只关乎个体生命形式,其在形下层面更多地关注山水园林,以为山水之性就是生命存在的奥妙,对山水境界的参悟就是对生命境界的顿悟,"手亲笔砚之余,有时游戏三昧。岁月遥永,颇探幽微,妙悟者不在多言,善学者还从规矩"(王维《山水诀》)。青山自青山、白云自白云、生命自生命的境界似乎奠定了中国古人关于生命意蕴的至高追问路径。

关于山水园林的态度,中国古人是有一定发展变化的,从敬畏山水园林,到山水园林依附人类,到山水园林之比德,再到山水园林自适自在,这一历史进程其实是从一种逻辑的、比喻的、线性的思维走向了一种非逻辑的、直觉的、瞬间性的思维。显而易见,"妙悟"的思维模式在其间具有重要的意义。我们看到,中国文化文明首先是从敬畏山水园林而始的,苑囿高台神圣可畏,洪水滔天浩瀚可怖;山水园林巍峨高耸，潺潺无终，中国古人首先以一种敬畏却毫无美感的方式观照山水园林的。随着农业文明的发展与深入，山水园林开始以一种美的形象进入中国古人的视域。海岛仙山，鹿台灵台，开始成为圣人君子乐山乐水的现实凭借。而后，中国封建社会的确立、发展与成熟，山水园林往往成为圣人君子道德的比附，"智者乐水，仁者乐山"（《论语·雍也》），"夫水，大偏与诸生而无为也，似德。其流也埤下，裾拘必循其理，似义。其洸洸乎不淈尽，似道。若有决行之，其应佚若声响，其赴百仞之谷不惧，似勇。主量必平，似法。盈不求概，似正。淖约微达，似察。以出以入，以就鲜絜，似善化。其万折也必东，似志。是故君子见大水必观焉"（《荀子·宥坐》）。关乎山水能见出人的道德等诸多品性，"德化自然"在相当长的一段时间内深深影响着中国古代人与自然关系的建构。玄学的兴起与禅宗的影响，山水园林作为一种客观存在自在彰显，成为生命意义的赋予者，"秋风吹渭水，落叶满长安"（贾岛《忆江上吴处士》）。于一叶一水中把握现实生命存在，了解宇宙苍生之奥妙。

中国古人关于山水园林自适的审美观照，是离不开"妙悟"的思维方式与审美维度的。"山水古今相师，少有出尘格者，因信笔作之，多烟云掩映树石，不取细意以便己。"（米芾《米海岳画史》）山水虽有具体形式之外因，但不应约束个体生命之体悟，山水自山水，超越是非、逻辑、判断的山水把握，即为"妙悟"山水之道。当然，"悟"在中国古人思维中是有层次分别的，这种差别是源自个体生命形式的"悟性"，即生命本真状态，"然悟有深浅，有分限之悟，有透彻之悟，有但得一知半解之悟。"① 而"妙悟"不仅是"悟"的量的提升，更是一种质的提升，此种"妙悟"不仅需要个体生命博采开掘，"夫'悟'而曰'妙'未必一蹴即至也；乃博采而有所通，力索而有所入也"②。还需要个体生命单刀直入、直面事务、直逼内心，以一种"入禅"的方式体现生命世界，进而才能化入生命至高境界。青原惟信禅师在参禅时很好地阐释了"妙悟"之于生命境界的通达路径，"老僧三十年前未参禅时，见山是山，见水是水。及至后来，亲见知识，有个入处，见山不是山，见水不是水。而今得个休歇处，依前见山是山，见水是水"（《五灯会元》卷十七）。禅宗对禅境的"悟"是一种超越现象界与知识界的大彻大悟，其不立文字，不假借外物，以个体生命本真、本然状态在日常生活中参悟、体验生命存在，并以此觉悟来面对生命境界的建构。也就是说，"妙悟"所要通达的生命境界不是外在的、人造的、表象的某种场域景观，其所要呈现的应该是一种大化流行、落花无声的水流花开之境，个体生命在这一场域中不拘泥于外物，"参时且柏树，悟罢岂桃花？"（杨万里《和李天麟二首》之二）在放弃了分别智、情感态度之后，个体生命以一种超然决绝的生命本真实现着生命意蕴的自然绽放。中国古人关于生命境界的建构在以"妙悟"为表征的禅宗思想影响下走向了形上本体的言说路径，中国古人所祈求的生命至高境界也处处流淌着生命的美学色彩与生命的哲学智慧。

---

① 严羽，郭绍虞. 沧浪诗话校释［M］. 北京：人民文学出版社，1961：12.
② 钱锺书. 谈艺录［M］. 北京：中华书局，1984：98.

第二章

中国生命美学的基本形态

第一节 儒家生命美学的基本表征

儒家生命美学更多地把视野投入对现实生命的关注与悲悯，体现出较为浓厚的生命根基与人文意蕴；其通过对生命之"仁""礼""理"的建构与呈现，要树立一种"君子"光辉人格形象与"勇儒"型人格形象，在对"礼"的归化中达到"孔颜乐处"与"吾与点也"的审美圣境，从而在现实层面建构起中国生命美学的儒家形态。

一、"礼""仁""理"与生命结构、生命存在

"礼"无疑是儒家哲学美学的重要范畴，儒学或儒教也常常被称为礼学或礼教。"礼"示旁，与神有关，与原始宗教祭祀活动紧密关联，"示，天垂象，见凶吉，所以示人也，从二，三垂，谓日月星也。观乎天文，以察时变，示神事也。"（《说文解字·示部》）"礼，履也，所以祀神致福也。从示，从豐，豐亦声。"（《说文解字》）从起源上讲，"礼"

具有神圣的意义指向，其关乎天道命运，能让个体生命敬畏，能将生命个体与天道宇宙、神灵先祖紧紧联系在一起，并且依"礼"即依天行事，且沟通天地人合，"礼"成为包括个体生命的宇宙苍生存在的本质规定，"礼者，理也。其用以治，则与天地俱兴"（孔颖达《礼记正义》序）。"礼"是先于儒学而肇始，但却为儒学最重视。孔孟时代，礼崩乐坏，"礼"得以生发的宗教土壤与天命神学遭到现实的冲击与怀疑，并且出现诸多不"礼"的事件。面对此种情境，儒家哲人们纷纷从"复礼"的层面展开自己的哲思。当然，在儒家看来，作为个体生命存在内在规定性的"礼"不仅是形式层面的宗教仪式与祭祀典章制度，更是作为个体生命存在的形上制度规范与内在道德价值维度。显然，儒学接受了"礼"的内涵，但对其进行了改造，在逐渐弱化其神秘色彩的同时，赋予了"礼"更多的现实根基与生命维度。"凡礼：事生，饰欢也；送死，饰哀也；祭祀，饰敬也；师旅，饰威也。是百王之所同，古今之所一也。"（《荀子·礼论》）荀子就将"礼"融入了个体生命的现实生活，从而使"礼"对个体生命存在具有形上天理、社会、政治、法律制度层面与日常行为层面的双重规约。也就是说，在儒学视域下，"礼"其实具有天道、天理、自然法之意，更有仪式、礼仪、礼俗之意；无论是外在可见的"礼"式，还是内在不可见的"礼"义，都是个体生命存在的内在规定性，都是个体生命结构的本质内涵，所谓"不知礼，无以立也"（《论语·尧曰》）。针对"礼"的多层意蕴，孔子就曾说："礼云礼云，玉帛云乎哉？乐云乐云，钟鼓云乎哉？"（《论语·阳货》）既然"礼"不仅仅是外在的"玉帛""钟鼓"，那更本质的内涵是什么呢？就是个体生命存在内在的精神指向。为了恢复和彰显"礼"的本质，孔子主张"克己""恭敬"，以一种"文质彬彬"的

46

"礼"的追求更加凸显"质",达到个体生命的"尽善尽美"矣,"先进于礼乐,野人也;后进于礼乐,君子也。如用之,吾从先进"(《论语·先进》)。孟子将"礼"指向个体生命存在的精神维度,以"恭敬""辞让"之心显现出"礼"对个体生命存在的内在规定性,进而在一种"养"的过程中彰显出"浩然正气""道德凛然"的生命形式。荀子从人性恶的角度思考作为生命存在内在规约的"礼",将"礼"的外在层面的教化、文饰等作用于个体生命存在,"化性起伪",以礼治欲。后世儒学也大都有关于"礼"的论述,但其往往将"礼"从个体生命层面扩大到自然万物层面,赋予"礼"更为宏大的论域与客观维度,"礼不必皆出于人,至如无人,天地之礼自然而有,何假于人?"[①]"礼"不仅仅关乎人、规约人,而且适合于自然万物,是整个宇宙世界的内在法则。当然,儒学在言"礼"时,经常会将其与"仁""理"相关联,并且将三者作为个体生命结构所必备的存在要素,这将在后文中集中论述。总而言之,在儒学的论域中,"礼"无论是从外在形式层面,还是从内在精神价值层面,都常常被作为个体生命形式存在的规定性,并且也被当作个体生命结构的有机组成部分,"道德仁义,非礼不成;教训正俗,非礼不备;分争辨讼,非礼不决;君臣上下,父子兄弟,非礼不定;宦学事师,非礼不亲;班朝治军,莅官行法,非礼威严不行;祷祠祭祀,供给鬼神,非礼不诚不庄。是以君子恭敬、撙节、退让以明礼"(《礼记·曲礼上》)。

"仁"也是儒家哲学美学思想的中心线索与核心范畴。"仁"从人从二,有人立之意,"仁,亲也。从人,从二"(《说文解字》),由此可

[①] 张载. 张载集·经学理窟·礼乐[M]. 北京:中华书局, 1978:62.

见,"仁"从本源上讲就是关乎生命存在的,其体现的是生命存在的内在结构要素,即"亲人""爱人";"仁"说一经儒学开创就具有极强的生命意义指向。孔子"仁"的阐释对儒家哲学美学具有基础性意义,其将"仁"提升到最高道德层面与哲理层面,并且将其作为生命存在的内核与主要构成要素。"人者,仁也。"(《中庸》)在孔子看来,个体生命之所以存在就在于"仁","仁"对个体生命的结构要素做了具体规定,"能行五者于天下,为仁矣"(《论语·阳货》)。"仁"作为个体生命存在的要义需要好好把握与遵循,不"仁"则生命无意义,孔子主张杀身成仁以维护生命存在的形上表征。"子曰:'志士仁人,无求生以害仁,有杀身以成仁。'"(《论语·卫灵公》)也就是说,"仁"在孔子那里不仅是生命形式的构成要素,而且也是生命存在的一种至高境界,"人而不仁,如礼何?人而不仁,如乐何?"(《论语·八佾》)个体生命只有"仁"才能"立人""达人""爱人",才能在现实生活场域中与他人生生与共,敬而有礼。孟子同样认为"仁"乃生命存在的形式要素,"仁也者,人也;合而言之,道也"(《孟子·尽心下》)。张载对孟子的这一说法做了很好的解释,"学者当须立人之性。仁者人也,当辨其人之所谓人。学者学所以为人"[①]。孟子进一步指出,"仁"更是"人心",是个体生命形式存在的最为核心的部分,也是人之所以为人的有力确证,"仁,人心也"(《孟子·告子上》)。"仁"之心乃生命的共有本质属性,此"仁"超越具体外在生命形式,也超越生命的感知维度,在形上伦理道德层面使个体生命立于天人之间,而且显得"贵"与"智"。当然,孔孟在谈到"仁"时,往往将其与"礼"并说,将

---

① 张载. 张载集·张子语录·语录中 [M]. 北京:中华书局,1978:318.

"仁"视为复"礼"的重要凭借,而且更是将"仁"视为"礼"的内在层面加以论述。"颜渊问仁。子曰:'克己复礼为仁。一日克己复礼,天下归仁焉!为仁由己,而由人乎哉?'"(《论语·颜渊》)通过内在心性的规约,达到生命存在的道德提升与伦理修养,则天地人三者交相辉映,大道彰显。后世儒学对"仁"的阐释更为形上哲理化,也同样将"仁"视为个体生命存在的构成要素与主要表征,"人之所以得名,以其仁也。言仁而不言人,则不见理之所寓;言人而不言仁,则人不过是一块血肉耳。必合而言之,方见得道理出来"(朱熹《朱子语类》卷第六十一)。"仁者,人之所以为人之理也。然仁,理也;人,物也。以仁之理,合于人之身而言之,乃所谓道者也。程子曰:'中庸所谓率性之谓道是也。'"(朱熹《孟子集注》卷十四)朱熹在这里明确地将"仁"作为人的本质属性,并且从形上层面的"理"赋予生命形式本体论意义。总之,在儒学的视域中,"仁"也是关乎生命存在的,是生命存在形式的内在构成要素,是生命之本,并且内在地促进了生命精神境界的生成,进而万物生机勃勃,天下归心,"生机与天地万物相流通,则天地万物皆吾之所生生者矣,故曰'天下归仁'"[1]。

"理"作为哲学美学范畴在宋明理学家那里得到极大的重视和宣扬。在理学家的论域中,"理"是道德天理,是世界万物的本源,是生命内在生成的标尺与维度,是生命存在意义彰显的依据。"理"不仅是"礼""仁"更加形上层面的意义呈现,而且把先前儒学关于生命的论述更加抽象化、体系化与客观化了。首先,"理"不仅是自然界本原,

---

[1] 黄宗羲. 明儒学案·卷二十六·南中王门学案二[M]. 杭州:浙江古籍出版社,2012:692.

"天下只有一个理"①，而且本身就具有伦理道德的形上属性，是社会伦理道德规范的总和。作为自然法则与道德法则下的生命存在，"理"自然就成为生命存在的内在规定性与构成部分，"天理云者，这一个道理更有甚穷已。不为尧存，不为桀亡。人得之者，故大行不加，穷居不损。这上头来更怎生说得存亡加减。是它元无少欠，百理具备。'万物皆备于我'，不独人尔，物皆然。都自这里出去。只是物不能推，人则能推之。虽能推之，几时添得一分？不能推之，几时减得一分？百理具在，平铺放着"②。"理"是万事万物存在的本源，个体生命也必须依"理"而生，悟"理"而得天道，正所谓"此理，天命也。顺而循之，则道也。循此而修之，各得其分，则教也"（程颐、程颢《二程遗书》卷一）。其次，理学家主张"性即理"，而"人心即性"，"理"就直指生命的本心，成为生命形式构成的最重要因素。"盖上天之载，无声无臭，其体则谓之易，其理则谓之道，其用则谓之神，其命于人则谓之性，率性则谓之道，修道则谓之教。"（程颐、程颢《二程遗书》卷一）生命之性即"理"，尽性则能安命，以至于天道，"理也，性也，命也，三者未尝有异。穷理则尽性，尽性则知天命矣。天命犹天道也，以其用而言之则谓之命，命者造化之谓也"③。个体的生命存在须明白，"理"乃自身存在的确证，这一"理"不仅构成了生命自身，而且"故在天曰命，在人曰性，率性而行曰道"（杨时《龟山集》卷十二）。最后，"理"与"气"乃生命之本末、体用之层面，主张以"气"来具体造化生命；理学家通过理气论建构起了一个内外兼修、本形相合、气化流动

---

① 程颐，程颢. 二程集·河南程氏遗书·卷十八 [M]. 北京：中华书局，1981：196.
② 程颐，程颢. 二程集·河南程氏遗书·卷十八 [M]. 北京：中华书局，1981：34.
③ 程颐，程颢. 二程集·河南程氏遗书·卷十八 [M]. 北京：中华书局，1981：274.

的完整生命结构体。"观三代之时，生多少圣人，后世至今，何故寂寥未闻，盖气自是有盛则必有衰，衰则终必复盛。若冬不春，夜不昼，则气化息矣。""凡物之散，其气遂尽，无复归本原之理。"① 在这里，"理"是生命之本源，"气"化具体生成了鲜活的生命存在形式，"气"的充溢与否决定着生命形式的盛衰，"理""气"合一的生命形式才是理学家所追寻的"圣人"。此外，理学家还主张以"涵养"来显"理"，在一种"敬"的生命主体修养过程中实现"理"的自然显现。"敬只是主一也。主一，则既不之东，又不之西，如是则只是中。既不之此，又不之彼，如是则只是内。存此，则自然天理明。学者须是将敬以直内，涵养此意，直内是本。"② 生命形式需要保持内心的虚妄，永含敬畏之心，直显生命的真诚、真谛，天道之"理"自然会流淌与存在。总的来说，理学家围绕着"理"对生命结构与存在做了充分的言说，尤其在形上层面为生命形式从本源上做了内在规定，并且对完整生命形式的彰显提供了具体路径。

通过以上论述，我们可以看到，儒家生命美学以其核心范畴"礼""仁""理"为我们彰显出一个完整的、系统的、鲜活的生命结构，并且对生命形式的存在意义做了极为深入的探讨。值得注意的是，儒家生命美学关于生命结构、生命存在的言说并没有拘泥于形下现实层面，也不仅仅将其附着于道德伦理层面，而是赋予了生命形式更为本源的存在，从形上意义层面显现出较为宏大的生命视域与哲理意蕴。

---

① 程颐，程颢. 二程集·河南程氏遗书·卷十五 [M]. 北京：中华书局，1981：163.
② 程颐，程颢. 二程集·河南程氏遗书·卷十五 [M]. 北京：中华书局，1981：56.

二、君子、勇儒与生命人格光辉

儒家生命美学在对生命结构、生命存在做了内在规定之后，往往将视野更多地投向理想人格美的现实建构；也就是说，儒家视域中生命存在形式的提升、升华、超越必然会走向一种理想的人格形象与美的生命样态。美好的人格形象是儒家生命美学对现实情境的集中反映与回应，也是儒家生命美学关于生命言说的集中论域。君子（或圣人）、勇儒是儒家生命美学理想人格形象建构的两种基本形态，其所闪耀的人格光辉彰显出生命存在形式的永恒魅力。

"君"本有等级观念之意，指有权有财产的阶级，"君子劳心，小人劳力，先王之制也"（《左传·襄公九年》）。"君"也常表述为"国君""家君"，"君，尊也。从尹，发号，故从口。古文象君坐形"（《说文解字》）。而"子"本义为"初生"，后来演化为对男子的尊称。"君子"合用可意指"君"的后代，也可认为是指有权、有财产的上层贵族阶级。孔子对"君子"的含义做了重新规定，并且将"礼""仁"的思想贯穿其中，使其成为儒家生命美学所追求的理想人格高标。"君子有三患：未之闻，患弗得闻也。既闻之，患弗得学也。既学之，患弗能行也。君子有五耻：居其位，无其言，君子耻之；有其言，无其行，君子耻之；既得之而又失之，君子耻之；地有余而民不足，君子耻之；众寡均而倍焉，君子耻之。"（《礼记·杂记下》）孔子认为，要想成为君子，必须铭记"三患""五耻"，以伦理道德高标严行律己。当然，孔子的"君子"是主张以"道"来践行的，"君子谋道不谋食。耕也，馁在其中矣；禄在其中矣。君子忧道不忧贫"（《论语·卫灵公》）。虽然孔子的"道"主要指向儒家理论道德，但却给"君子"形象赋予了生命的光辉，使人伦之光与德行之辉和生命形式相化合，生发出完美的人格形象。孔子寄希望于个体生命通过现世的修为达到"君子"的高标，其也给人们展示出了几种"君子"人格，"君子哉若人，尚德哉若人"（《论语·宪问》），"君子哉若人。鲁无君子者，斯焉取斯"（《论语·公冶长》），"有君子之道四焉。其行己也恭，其事上也敬，其养民也惠，其使民也义"（《论语·公冶长》），"君子哉蘧伯玉。邦有道则仕，邦无道则可卷而怀之"（《论语·卫灵公》）。即南宫适、宓子贱、子产、蘧伯玉四"君子"。孔子对"君子"人格形象的建构是富有创见的，一句话就是"文质彬彬"，其超越了生命血缘关系的形象继承传统，使生命形式的人格美具有更为广阔的生成空间与可能维度。

孟子继承并发展了孔子的"君子"人格的生命美学思想，赋予"君子"独特的理论色彩与价值标准，以君子"性善"为核心，以"礼"与"仁"灌注生命形式，在"仁政"的理论框架下形成了以"君子"之德行配"王道"的生命美学观与哲学观。孟子首先提出"君子所性，仁义礼智根于心"（《孟子·尽心上》），要想成就"君子"人格，个体生命必须心怀"恻隐""羞恶""恭敬""是非"，净化心灵，进而提升生命精神境界，获得生命心灵的愉悦和快感。此外，孟子还进一步指出，"君子"人格一定是"充实而有光辉"的，是"仁、义、礼、智"根于生命存在的外在显现，"可欲之谓善，有诸己之谓信，充实之谓美，充实而有光辉之谓大，大而化之之谓圣，圣而不可知之之谓神"（《孟子·尽心下》）。个体生命存在由内在的"仁"所充盈，就如同获得了灵魂，充实而有生机。当然，这一充实之光辉还需与"气"相契合，才能最终达到"大"与"刚"，即"君子"人格形象之高标，"夫志，气之帅也；气，体之充也。夫志至焉，气次焉……我善养吾浩然之气……其为气也，至大至刚；以直养而无害，则塞于天地之间"（《孟子·公孙丑上》）。可以看出，孟子的"君子"人格形象美同样具有很强的道德审美维度与价值倾向，但是其关于生命人格美的言说却流露出极强的哲学美学高度，就是对人格形象美之"大""刚"范畴的重新阐释与美学发现。荀子在"性恶"论的思想基础上，在继承孔孟"君子"人格美学之外，更加注重"君子"之于"法度"的遵循和维护，并对"君子"人格形象的生成提出诸多可行路径。"君子曰：君子博学而日参省乎己，则知明而行无过已。……君子生非异也，善假于物也。"（《荀子·劝学》）荀子认为要想成就"君子"人格，个体生命首先必须时刻保持内在的修养，并以"仁"的高标来为人处世，彰显生命形象之美德。为了具体实现"君子"人格，荀子认为"此言君子之能以公义胜私欲也"（《荀子·修身》），将"公义"之心作为君子人格的重要标准，并且进一步指出"君子"须"重法"，以"法"配"仁"，进而实现国家的大治，从而实现生命的生生与共，"治之经，礼与刑，君子以修百姓宁。明德慎罚，国家既治四海平"（《荀子·成相》）。此外，荀子十分注重"乐"之于"君子"人格境界的提升，所谓"君子明乐，乃其德也"（《荀子·乐论》）。"君子"人格形象可以体现为对"乐"的体悟与感受，我们也可以通过"乐"来明晓"君子"人格形象之光辉。

总的来说，先秦儒家生命美学以"君子"人格美为中心，将"君子"形象从形下到形上层面、从外在行为规范到内在伦理道德、从个体生命存在到国家长治久安等方面，均做了较为系统的论述，形成了关于生命的审美言说。然而，由于封建社会的发展，以及文化历史的变迁，后世儒学对生命人格美的建构主要体现为"勇儒"型人格形象的塑造，并且在更深层面体现出对生命存在形式的积极建构与理想预设。

"勇儒"人格较早见于张法的《中国美学史》，其将之定义为"志于道""死守善道"的宏大志向，并且具有一种胸怀宇宙的艺术心灵与悲悯苍生的形上生命哲思。相比于早期的"君子"人格，"勇儒"人格更加注重生命道德本体的建立与内在心性的自觉和自由。首先，"勇儒"人格必须"志于道"，这个"道"不仅具有先秦儒学的形上伦理道德与天道自然，"可以托六尺之孤，可以寄百里之命，临大节而不可夺也。君子人与？君子人也"（《论语·泰伯》），即仁义道德的外在显现；更是包含了中国古代文化之道与生命之道，更加凸显的是对文化理想的坚守与对生命存在的张扬，"情动行言，取会风骚之意；阳舒阴惨，本乎天地之心"（孙过庭《书谱》），即生命的内在文化涵养与流动。司马迁对于"史家之绝唱，无韵之《离骚》"的坚守，以及对个体生命存在之光辉的再认识；杜甫对于"白头搔更短，浑欲不胜簪"的忧愤，以及对黎明苍生存在的悲悯；韩愈对于"赤心事上，忧国如家"的胸怀，以及对家国深层感思；柳宗元对于"古固有一死兮，贤者乐得其所"的参透，以及对个体生命美德的多重建构；苏轼对于"九死南荒吾不悔，兹游奇绝冠平生"的超脱，以及对生命存在态度与形式的重构；王国维对于"古今之成大事业、大学问者"的追问，以及对生命人格的固执操守，无不体现出"勇儒"人格形象之"道"的多种意蕴。其次，总体上看，后世儒学对生命理想人格的追寻有一种向内转的倾向，尤其注重内在心性的修养与超越向度。秦汉儒学家就有一种"容纳万有"的审美胸襟，并且以"囊括四海，并吞八荒"的气魄去体恤生命，"盖胥靡为宰，寂寞为尸；大味必淡，大音必希；大语叫叫，大道低回。是以声之眇者不可同于众人之耳，形之美者不可棍于世俗之目,辞之衍者不可齐于庸人之听"(扬雄《解难》)。为此,他们将生命存在抽象为集体理念与大生命观,使生命能以一种"大"而光辉的形象屹立于天地之间,"乘虚无而上暇兮,超无有而独存"(司马相如《大人赋》),即以超越生死有无的独立人格尽显生命之自由美韵。魏晋南北朝儒学家以一种生命存在形式之形上意蕴探寻为理路,以人物品藻的具体方式呈现"勇儒"人格美,并且将"勇儒"人格精神与天地精神相往来,显现出极强的生命空幻意识与宇宙精神。"'刘真长何如?'曰:'清蔚简令。''王仲祖何如?'曰:'温润恬和。''桓温何如?'曰:'高爽迈出。''谢仁祖何如?'曰:'清易令达。''阮思旷何如?'曰:'弘润通长。''袁羊何如?'曰:'洮洮清便。''殷洪远何如?'曰:'远有致思。'"(《世说新语·品藻》)这显然是超越了生命人格之政治与道德维度后的审美观照,是"勇儒"人格在魏晋南北朝时期的具体表征。"古人云:'死生亦大矣。'岂不痛哉!每览昔人兴感之由,若合一契,未尝不临文嗟悼,不能喻之于怀。固知一死生为虚诞,齐彭殇为妄作。后之视今,亦犹今之视昔,悲夫!"(王羲之《兰亭集序》)生死之痛之恋在仰俯天地自然之中净化,个体生命仍需自持"勇儒"人格以奋进。唐代儒学家以"盛唐气象"建构一种颇具气势的"勇儒"人格形象,并且以飘逸潇洒之豪气与深沉忧郁之经世相结合,彰显出"勇儒"人格之多彩光辉。这里既有李白的"欲上青天揽明月"与"千金散尽还复来"的决绝;又有杜甫的"会当凌绝顶,一览众山小"与"安得广厦千万间,大庇天下寒士俱欢颜"的胸怀;也有韩愈的"人生一世间,不自张与弛"与"我愿身为云,东野变为龙"的洒脱。唐代儒学家俯仰天地,以容纳百川之气魄将生命存在立于宇宙社会人生之中,体现出生命大美——"勇儒"人格美的独特显现形式。宋以后的儒学家在"相尚以道"的逻辑下,更加注重"勇儒"人格的心性维度,将生命的雅韵及其运行的"玩"态极致地凸显出来,以一种平淡的生命存在形式彰显出具有神逸之风的"勇儒"人格形象美。"所贵乎枯淡者,谓其外枯而中膏,似淡而实美"(苏轼《评韩柳诗》),"有气韵而无形似,则质胜于文,有形似而无气韵,则华而不实"(黄休复《益州名画录》),"夫所以谓之观物者,非以目观之也,非观之以目而观之以心,非观之以心而观之以理也"(邵雍《观物篇·内篇十二》)。这不仅是艺术上、哲理上的美学追求,更是对"勇儒"人格形象美的形象描述,主张在一种平淡的生命历程中参悟生命之雅韵、理趣与神逸。

由此可见,在中国儒家生命美学视域中,"勇儒"人格在相当长的一段时间内都是儒家士人与文人知识分子积极建构的议题,"勇儒"人格形象美也以其特有的人格魅力与生命光辉深深影响着中国古代社会文化的发展进程。

三、"吾与点也"的审美圣境与生命意义

儒家生命美学在自身的论域中对生命存在、生命结构展开了言说,并且建构了"君子"与"勇儒"的人格形象美;然而,儒家生命美学并没有仅仅停留在生命形式与生命人格层面,其最终指向是现世情境中的生命境界美的生成。儒家生命美学给我们展示人格高标的意义在于在各种光辉形象身上见证"吾与点也"的审美圣境。

"吾与点也"出自《论语·先进》之中:

> 子路、曾皙、冉有、公西华侍坐。子曰:"以吾一日长乎尔,毋吾以也。居则曰:'不吾知也。'如或知尔,则何以哉?"

子路率尔而对曰："千乘之国，摄乎大国之间，加之以师旅，因之以饥馑；由也为之，比及三年，可使有勇，且知方也。"夫子哂之。"求，尔何如？"对曰："方六七十，如五六十，求也为之，比及三年，可使足民。如其礼乐，以俟君子。""赤，尔何如？"对曰："非曰能之，愿学焉。宗庙之事，如会同，端章甫，愿为小相焉。""点，尔何如？"鼓瑟希，铿尔，舍瑟而作，对曰："异乎三子者之撰。"子曰："何伤乎？亦各言其志也！"曰："莫春者，春服既成，冠者五六人，童子六七人，浴乎沂，风乎舞雩，咏而归。"夫子喟然叹曰："吾与点也。"

关于"吾与点也"历来有诸多争论，无论是从"礼治"仁政方面加以积极阐释，还是从"乘桴浮于海"方面加以消极阐释，都仅仅是从生命存在的外在显现来理解的，即生命的用世与礼教的推行，而没有真正触及生命的本源存在及其意义表征。显然，孔子在这里还为我们呈现了生命的至美境界，一种包括生命形式之美的自由的、充盈的、美善合一的人生之境。

首先，"吾与点也"应该呈现的是一种身体美，是感性生命形式的自由显现。"浴乎沂，风乎舞雩，咏而归。"在暮春时节，个体生命如果能到沂水里畅游，能在舞雩台上吹和煦之风，唱着怡然自得的歌轻松回家，这该是一种多么美好的生命状态与生命存在啊！"浴"有斋戒沐浴之意，是对生命外在形式的修饰与保存；"风"意为吹风纳凉，是一种在神圣"雩坛"起舞吹风的生命体验活动；"咏"意为富有情感的长吟，是一种日常生活的审美化，也是生命外在形式的诗意呈现。"浴""风""咏"几个诗意的动作行为将生命外在形式之美感艺术地再现出来。其次,"吾与点也"还是一种艺术化的生命存在表征。"鼓瑟希,铿尔,舍瑟而作",面对孔子的提问,曾晳始终以"乐"的行为方式安然处之,从而使生命存在始终处于一种艺术化的伦理教化中,真正获得自由的审美愉悦。就像孔子所言:"饭疏食饮水,曲肱而枕之,乐亦在其中矣。不义而富且贵,于我如浮云。"(《论语·述而》)即使生命遭受生存困境,但仍能不改其乐,并且使生命充裕在艺术的情境中其乐融融。也就是说,曾晳所体现的生命方式是符合孔子的标准的,孔子要求君子能够在胸怀仁义道德的前提下使生命处于一种艺术化的活动中,"志于道,据于德,依于仁,游于艺"(《论语·述而》)。这种艺术化的生命存在是一种"游"的状态,是一种艺术化的仁教状态,更是一种生命自由优游的审美情境,"游者,玩物适情之谓。……游艺,则小物不遗而动息有养。学者于此,有以不失其先后之序,轻重之伦焉,则本末兼该,内外交养,日用之间,无少间隙,而涵泳从容,忽不自知其入于圣贤之域矣"(朱熹《论语集注》卷四)。最后,"吾与点也"最终指向的是一种自由的、美善合一的、生生与共的审美圣境。"莫春者,春服既成,冠者五六人,童子六七人",生命群体在暮春时节畅游于世,人与人之间人伦和谐,人与自然万物之间休戚与共,这应该是怎样一番天伦之乐与生生之乐?也应该是怎样一种理想社会模式?儒家生命美学显然要建构的是一种生命的形上审美圣境,是融入了生命形上意识与道德人伦,注重美善合一的审美致思,并以成圣(君子)治国为价值旨归的生命言说路径。

第二节　道家生命美学的基本表征

道家生命美学突破了狭隘实用人格主义范畴，以一种绝对的、纯粹的自由为内涵来建构其生命美学体系：以"一""养""游"来阐释生命结构、生命存在，对"至人""神人""圣人"进行层层追求与理想建构，不断超越有形之物，在自由中实现"道通为一"与"逍遥"的审美化境，道家生命美学在自身的论域中赋予生命更加形上的旨趣与意义。

一、"一""养""游"与生命结构、生命存在

"一"古意有原初、太初，混沌之意，"一，惟初太始，道立于一，造分天地，化成万物。弌，古文一"（《说文解字·一部》）。老子曾说："昔之得一者，天得一以清；地得一以宁；神得一以灵；谷得一以盈；万物得一以生；侯王得一以为天下贞。其致之也，谓天无以清，将恐裂；地无以宁，将恐废；神无以灵，将恐歇；谷无以盈，将恐竭；万物无以生，将恐灭；侯王无以正，将恐蹶。"（《道德经·第三十九章》）就道家哲学、美学来看，"一"是宇宙万物存在与变化的根源和"此在"，"一也者，万物之本也。"（《淮南子·诠言》）"一者天之纲纪，万物之本也。"（《太平经》）生命存在就是在"一"的规约下生成与发展，个体生命通过"一"的意义赋予而能返原始之大道。为此，道家美学主张生命存在要"抱一为天下式"。当然，道家生命美学关于生命存在与构成的"一"是将自然之法与人生修炼之法相融合，力图在一种神气

合一、混沌一体的生命流动过程中走向生命之源。道家认为，"至大无外，谓之大一，至小无内，谓之小一"（《庄子·天下》）。个体生命无须关注"大小"之分，需要做的是守住内在的"一"，要澄心定意，抱元守一，生命存在形式才会与道合一，与宇宙相生相长，"慎守女身，物将自壮，我守其一，以处其和"（《庄子·在宥》）。

　　道家生命美学以"一"作为生命结构与存在的原初规定，并且强调生命存在形式还需要"养"，通过"养生"而达生、卫生，真正实现生命存在形式的自由与畅通。"养"，形声，从食，羊声，本为饲养、抚育之意，"养，供养也"（《说文解字》）。"凡食养阴气也，凡饮养阳气也。"（《礼记·郊特牲》）道家哲学、美学主张生命形式也要"养"，这种"养"不是一味地纵容生命形式的外在扩充与放纵，而是更加强调内在精神的保养与持存。"出生入死，生之徒，十有三；死之徒，十有三；人之生，动之于死地，亦十有三。夫何故？以其生生之厚。"（《道德经·第五十章》）个体生命不能过于看重自身的形式，即过"养"而不达，"余食赘行，物或恶之"（《道德经·第二十四章》）。庄子也有强烈的"养"生意识，其力图通过生命形式之经脉顺通达到生命与宇宙化合的状态，进而实现生命返璞归真。"吾生也有涯，而知也无涯。以有涯随无涯，殆已！已而为知者，殆而已矣！为善无近名，为恶无近刑，缘督以为经，可以保身，可以全生，可以养亲，可以尽年。"（《庄子·养生主》）个体生命需要忘知忘智，乃至忘生，才能彻底做到养而不伤生，进而全生而达生。道家哲学、美学对生命形式之"养"生之道有过诸多论述，但从本质上讲，其"养"生之道不只是"养"生命之形式，亦不是纯粹的"养"生命之性情，而是在对整个生命之形与神（精气）养护基础上的浑然无缺的生命表征，"必静必清，无劳女形,无摇女精,乃可以长生。目无所见,耳无所闻,心无所知,女神将守形,形乃长生"(《庄子·在宥》)。面对相对混乱的社会现实,生命的形神保存与存在意义是道家生命美学极为关注的论域,道家生命美学的"养"为现实生命形式走向自由的、全有的、优美的生命存在提供了明确的通达路径,也在这一过程中彰显出浓郁的生命意识与美学关怀。

"游"原为水名,后又有浮行之意,"顺流而下曰溯游"(《尔雅·释水》)。"阍人,王宫每门四人,囿游亦如之。"(《周礼·天官》)后来"游"又有玩赏适情之意,"士依于德,游于艺"(《礼记·少仪》)。将"游"的内涵运用到生命形式及其存在的言说上来,是道家生命美学的一大贡献。在道家哲学、美学视域中,生命形式的"游"是一种大美的状态,也是一种无遮蔽的生命存在形式,是生命存在形式的自由自在的彰显,"赍万物而不为义,泽及万世而不为仁,长于上古而不为老,覆载天地,刻雕众形而不为巧。此所游已!"(《庄子·大宗师》)道家生命美学希望将生命存在形式置放于世俗之外、"方内"之外,以"彼游方之外者也"的姿态超越世俗成见,超越主客限制,使生命形式能够"逃"之于天地之间,"天下有大戒二:其一命也,其一义也。子之爱亲,命也,不可解于心;臣之事君,义也,无适而非君也,无所逃于天地之间。是之谓大戒。是以夫事其亲者,不择地而安之,孝之至也;夫事其君者,不择事而安之,忠之盛也;自事其心者,哀乐不易施乎前,知其不可奈何而安之若命,德之至也。为人臣子者,固有所不得已。行事之情而忘其身,何暇至于悦生而恶死!夫子其行可矣"(《庄子·人间世》)。儒家生命美学的现实维度是极为明显的,其将生命存在寄希望于"仁义"之礼的践行与完善;而道家生命美学显然是要超越儒家生命美学给予生命的伦理道德维度的，它将生命形式安放于彼岸的超越世界之中，于时空之外实现个体生命的独化与彰显，这即是道家生命美学之于生命形式的"游"。"当是时也，民结绳而用之，甘其食，美其服，乐其俗，安其居，邻国相望，鸡狗之声相闻，民至老死不相往来。"（《庄子·秋水》）生命游而无定所，生命存在归复本源而澄净。

二、"神人""圣人"与生命人格魅力

道家生命美学对生命的关注同样集中在对生命人格的形上建构上，其在一种相对性与内部性的多重审视中彰显生命人格的适性，即以至人、神人、圣人的理想人格显现出"与天地精神往来"之人格魅力与审美意蕴。

在道家生命美学那里，生命人格是有内在规定性的。由于道家哲学、美学思想注重"无为"与内在超越向度，其生命人格首先应该体现为一种自然状态、本然状态，即"大巧若拙"（《道德经·第四十五章》）的自然生命人格美，是生命的本性之美。以老庄为代表的道家哲学、美学认为，最高的"巧"与美，就是"不巧"或"大巧"，就是"拙"，是一种自然而然的显现过程，是一种剔除主观心机与刻意追逐的存在状态。任何主观刻意的生命人格修养与提升都是有违其基本思想理路的，"五色令人目盲，五音令人耳聋，五味令人口爽，驰骋畋猎令人心发狂，难得之货令人行妨。是以圣人为腹不为目，故去彼取此"（《道德经·第十二章》）。所以道家生命美学之人格美应该是一种自然人格美，这是由道家哲学、美学的"反智"与"无为"理论所规定的，"圣人者，原天地之美而达万物之理。是故至人无为，大圣不作，观于天地之谓也"（《庄子·知北游》）。其次，道家生命美学的人格建构不

一定体现为生命外在形式的完善完美状态,而是更多地指向生命形式的精神人格维度。庄子在《庄子·内篇·德充符》中就以丑陋生命外形之申徒嘉、叔山无趾等来凸显其生命人格之圆融、充盈。道家生命美学认为,生命人格光辉与美是游离于形骸之外的,有完美之外形而无德行之内在规约,生命人格自然无处说起,"徒寄形骸于斯域,何精神之可察"(《答复义书》)。当然,即使拥有完美的生命形骸,也是为了凸显与养护生命精神人格之美,"无视无听,抱神以静,形将自正。必静必清,无劳女形,无摇女精,乃可以长生。目无所见,耳无所闻,心无所知,女神将守形,形乃长生。慎女内,闭女外,多知为败"(《庄子·在宥》)。再次,道家生命美学明确指出了理想生命人格范式:至人、神人、圣人。"夫得是,至美至乐也。得至美而游乎至乐,谓之至人。"(《庄子·田子方》)"天地有大美而不言,四时有明法而不议,万物有成理而不说。圣人者,原天地之美而达万物之理,是故圣人无为,大圣不作,观于天地之谓也。"(《庄子·知北游》)庄子认为,个体生命应懂得"道",能够游心于道,剔除外在形式之干扰,做到"无己","弃隶者若弃泥涂,知身贵于隶也,贵在于我而不失于变。且万化而未始有极也,夫孰足以患心!已为道者解乎此"(《庄子·田子方》)。"至人""圣人"这样的生命人格才是至美与绝对的美,是生命人格的最大光辉。也就是说,在道家生命美学看来,"至人""神人""圣人"这一理想人格范式是生命的本真原初,即"不知悦生,不知恶死"(《庄子·大宗师》),"无以人灭天,无以故灭命,无以得殉名。谨守而无失,是谓反其真"(《庄子·秋水》)。超越自身与现实世界的局限,在"外天下""外物""外生"的体验与持有中能够做到"见独",继而"无古今",实现生命人格的不朽与绝美呈现,"无古今,而后能入于不死不生。杀生者不死，生生者不生。其为物，无不将也，无不迎也；无不毁也，无不成也"(《庄子·大宗师》)。只有这样，才能真正实现生命人格光辉的现实建构，即"至人无己，神人无功，圣人无名"(《庄子·逍遥游》)的理想人格范式的生成。最后，道家生命美学也为"至人""神人""圣人"的理想人格生成指出了路径，即"心斋""坐忘"，通过对生命精神状态的提炼与规约，实现理想人格的现实建构。"若一志，无听之以耳而听之以心，无听之以心而听之以气。耳止于听，心止于符。气也者，虚而待物者也。唯道集虚。虚者，心斋也。"(《庄子·人间世》)"堕肢体，黜聪明，离形去知，同于大通，此谓坐忘。"(《庄子·大宗师》)"心斋"即所谓以"气"贯穿空虚的心境，这是对"道"进行仰观俯察的前提条件，也是以生命本体直观无限之道的必然选择。"坐忘"更从具体维度要求个体生命从现实的欲望中超越出来，坚守"无己""无功""无名"的价值尺度，使个体生命真正走向大美的人格形象建构。

当然，我们看到，道家生命美学关于生命理想人格的建构是一种非功利性的形上言说，其对生命人格的体验与审视也更加具有美学维度与生命关怀；但是，道家生命美学摒弃了现实世界的温情，废弃了生命形体的主观营构，远离了理性世界的知性，这就造成其在生命存在、生命人格言说上走向了一种二律背反，既欣赏、悲悯生命，又放逐、厌弃生命，这似乎成为道家生命美学难以摆脱的宿命。

三、"道通为一"与"逍遥"的审美人生化境

道家生命美学突破了狭隘实用人格主义范畴，以一种绝对的、纯粹的自由为内涵来建构其生命美学体系，对"至人""神人""圣人"的

层层追求与超越是道家人格美学的核心论域。道家生命美学超越有形之物，在自由中实现"道通为一"与"逍遥"的审美化境。

"道通为一"本是庄子对生命存在之意义世界的内在规定性，也是"至人""神人""圣人"这样的"达者"通往达到的一种凭借，其体现的是对生命万物各有其性、各尽其性的一种预设与想象，指向的是生命的至上审美境界，"物固有所然，物固有所可。无物不然，无物不可。故为是举莛与楹，厉与西施，恢诡谲怪，道通为一"（《庄子·齐物论》）。在庄子的哲学、美学思想中，"道通为一"是其"通为一"模式的形上言说。

> 以道观之，物无贵贱。以物观之，自贵而相贱。以俗观之，贵贱不在己。以差观之，因其所大而大之，则万物莫不大；因其所小而小之，则万物莫不小；知天地之为稊米也，知豪末之为丘山也，则差数睹矣。以功观之，因其所有而有之，则万物莫不有；因其所无而无之，则万物莫不无；知东西之相反而不可以相无，则功分定矣。以趣观之，因其所然而然之，则万物莫不然；因其所非而非之，则万物莫不非；知尧、桀之自然而相非，则趣操睹矣。（《庄子·秋水》）

> 以道观之，何贵何贱，是谓反衍；无拘而志，与道大蹇。何少何多，是谓谢施；无一而行，与道参差。严乎若国之有君，其无私德；繇繇乎若祭之有社，其无私福；泛泛乎其若四方之无穷，其无所畛域。兼怀万物，其孰承翼？是谓无方。万物一齐，孰短孰长？道无终始，物有死生，不恃其成。一虚一满，不位乎其形。年不可举，时不可止。消息盈虚，终则有

始。是所以语大义之方，论万物之理也。物之生也，若骤若驰。无动而不变，无时而不移。何为乎？何不为乎？夫固将自化。（《庄子·秋水》）

在这里，庄子指出，个体生命都有自己的存在方式与时空维度，也遵循着自身的变化轨迹与自然本性。也就是说，个体生命都有其自身的独化空间与自性原则，这就是所谓的"为一"，这个"一"不仅是"齐物"之绝对平等，更是指向个体生命存在的差异化与个性化。当然，个体生命所体现之"一"即是"道"的法则与规定，最终也指向同一性法则与共通性原则。道家哲学、美学视域中的"道通为一"理念其实为生命存在建构了一个相互关联又相互独立的生存情境，万物各有其特性而又自由显示其特性，尽性尽美，这一生命存在情境是道家哲学、美学的理想预设，也是一种审美的化境。需要指出的是，"道通为一"还需要"复通为一""知通为一"形下层面的促生。也就是说，"复通为一"从生命"气"本源的维度为生命审美化存在提供了形下之"器"，"生也死之徒，死也生之始，孰知其纪！人之生，气之聚也。聚则为生，散则为死。若死生为徒，吾又何患！故万物一也。是其所美者为神奇，其所恶者为臭腐。臭腐复化为神奇，神奇复化为臭腐。故曰：'通天下一气耳。'圣人故贵一"（《庄子·知北游》）。而"知通为一"则从认识维度与实践性层面为生命审美化存在提供可以选择的手段，"唯达者知通为一，为是不用而寓诸庸。庸也者，用也；用也者，通也；通也者，得也；适得而几矣。因是已。已而不知其然，谓之道。劳神明为一而不知其同也，谓之'朝三'"（《庄子·齐物论》）。"道通为一""复通为一""知通为一"互为个体又联结为整体，为个体生命的审美化存在做了形下与形上的规约。

"逍遥"词源意义上有翱翔之意,"羔裘逍遥,狐裘以朝"(《诗经·羔裘》)。亦有自得自适、畅游徘徊之意,"彷徨,纵任之名;逍遥,自得之称;亦是异言一致,互其文耳。不材之木,枝叶茂盛,婆娑荫映,蔽日来风,故行李经过,徘徊憩息,徙倚顾步,寝卧其下。亦犹庄子之言,无为虚淡,可以逍遥适性,荫庇苍生也"①。以庄子为代表的道家生命美学以"逍遥游"为核心,力图建构个体生命审美的、超越的、自由的境界,从生命内在维度进行生命永恒意义的探寻,使生命存在从有限的时空场域走向无限的宇宙四化。首先,"逍遥游"指向一种理想生命人格与生命情境的建构。庄子从宇宙自然的维度将个体生命人格及其存在境遇与"道"紧密关联,在形而上的本体层面建构自由而超越的光辉人格形象,在一种抱守大道的生命进程中赋予生命存在至高的审美化境。"若夫乘天地之正,而御六气之辩,以游无穷者,彼且恶乎待哉?故曰:至人无己,神人无功,圣人无名。"(《庄子·逍遥游》)真正的理想生命人格是超越自我、超越功利、超越名理的,道家生命美学不主张个体生命的"有为","故夫知效一官,行比一乡,德合一君,而征一国者,其自视也,亦若此矣"(《庄子·逍遥游》)。过于执着于现实社会的功名自然会有毁于生命存在,也难以建构起美善的生命人格形象,自然也不会实现生命的"逍遥游"。其次,"逍遥游"是一种任其自然的生命自由境界。

北冥有鱼,其名为鲲。鲲之大,不知其几千里也;化而为

---

① 郭庆藩. 庄子集释 [M]. 王孝鱼,点校. 北京:中华书局,2006:41.

鸟，其名为鹏。鹏之背，不知其几千里也；怒而飞，其翼若垂天之云。是鸟也，海运则将徙于南冥——南冥者，天池也。《齐谐》者，志怪者也。《谐》之言曰："鹏之徙于南冥也，水击三千里，抟扶摇而上者九万里，去以六月息者也。"野马也，尘埃也，生物之以息相吹也。天之苍苍，其正色邪？其远而无所至极邪？其视下也，亦若是则已矣。且夫水之积也不厚，则其负大舟也无力。覆杯水于坳堂之上，则芥为之舟，置杯焉则胶，水浅而舟大也。风之积也不厚，则其负大翼也无力。故九万里，则风斯在下矣，而后乃今培风；背负青天，而莫之夭阏者，而后乃今将图南。（《庄子·逍遥游》）

庄子以鲲鹏之自由徜徉于天地之间，形象地为人们展示出"逍遥游"的内涵。由此，我们可以看到，鲲鹏不仅自适于天地万物之间，天地万物作为托举使其有了振翅的空间，生命意义也在这种"有待"与"无待"的自由中充满了价值与意义。我们需要指出的是，"逍遥游"的自由境界是有大小之分，即所谓的"有待"与"无待"。在道家生命美学看来，"知效一官，行比一乡，德合一君""我决起而飞，抢榆枋而止，时则不至，而控于地而已矣，奚以之九万里而南为？"就是一种"有待"的自由，是一种生命安顿、自得其乐的理想状态与境界。"夫逍遥者，明至人之心也。庄生建言大道，而寄指鹏鲲。鹏以营生之路旷，故失适于体外；鴳以在近而笑远，有矜伐于心内。至人乘天正而高兴，游无穷于放浪，物物而不物于物，则遥然不我得；玄感不为，不疾而速，则逍然靡不适。此所以为逍遥也。"① 而生命存在真正的化境则是一种超越"此在"的绝对自由境界，鲲鹏之遨游于天宇，以超越自我、超越自由的形式再现了自由的决然状态，这才是一种生命至大至美的审美化境。最后，"逍遥游"的生命化境还指向对生命心灵、生命精神的抚慰与净化，是一种诗意的生命精神化境。"故余将去女，入无穷之门，以游无极之野。吾与日月参光，吾与天地为常。"（《庄子·在宥》）"独与天地精神往来，而不敖倪于万物。不谴是非，以与世俗处。"（《庄子·天下》）道家生命美学不仅注重生命形式外在的栖居，更加注重生命内在精神维度的栖居，将生命精神建构与天地精神相化合，从而建构起完整的生命存在情境。

第三节　禅宗生命美学的基本表征

禅宗生命美学以其非凡的智慧对待个体生命的生与死，在生命发展的历程中同样留下了浓墨重彩的一笔。禅宗生命美学以"禅"（心）、"空"作为生命存在的基础，从本体论上赋予生命以形上存在意义，并且在一种空观与"妙悟"中体现出生命的"无相"及其"非凡非圣"的人格魅力，即佛的人格光辉。禅宗生命美学以"不二法门"作为生命的最高境界，将"自适本心"的非线性、非逻辑的生命状态作为般若境界的最高生命表征，禅宗生命美学建构起一套理想化的生命审美理论体系。

---

① 支道林. 逍遥论·世说新语"文学篇"第32条注［M］//余嘉锡. 世说新语笺疏. 北京：中华书局，1983：260.

一、"禅""空"与生命结构、生命存在

"禅"为梵语，音译为"禅那"，为思维修、静虑、冥想之意，强调个体生命聚集精神与把控心理，进而获得智慧，得见诸佛而成佛的一种存在方式。由于特殊的文化语境与思想渗透，中国禅宗生命美学视域中的"禅"摒弃了"坐禅"的形式因素，将生命的"禅意"引向心性维度，从而在心本体论上建构起了生命存在的逻辑结构。

首先，"禅"是肯定生命存在的，是重视生命生死之具体态势的。禅宗生命美学认为，个体生命都是"无价之宝"，佛性与生命存在同在，"禅"内在要求个体生命必须重生、贵生而自成生命，"佛是自性作，莫向身外求。自性迷佛即众生，自性悟众生即是佛"[1]。也就是说，禅宗生命美学以生命存在作为佛性的起点，将"禅"洒落世间，"佛法在世间，不离世间觉，离世觅菩提，恰如求兔角"（惠能《坛经·般若品第二》）。当然，"禅"之于生命的肯定，还体现在对死亡的态度上，"夫参禅学道无他术，只消痛念生死事"[2]。参禅不仅让人重视生命存在，更能让生命消除苦痛，获得死亡智慧，进而提升生命存在的质量，"而禅，就是要了解生从何处来，死往何处去。要发掘生命的基因，永恒不变的那个因素是什么？要把捉到自己生命的永恒相"[3]。其次，"禅"（心）即生命存在，生命结构的本质就在于"禅"之所在。禅宗生命美学把禅（自心）视为生命的本质，生命的苦乐甘甜皆出自自心，

---

[1] 惠能. 坛经（敦煌本）·中国佛教思想资料选编·第二卷（第四册）[G]. 北京：中华书局，1985：18.

[2] 天如惟则. 天如惟则禅师语录·中国佛教思想资料选编·第三卷（第一册）[G]. 北京：中华书局，1987：553.

[3] 耕云. 禅·禅学与学禅 [J]. 禅，1990（1）.

自心也是真心与本心，也即佛性，所以禅宗主张"见心见性"，"禅"（心）自然成为生命结构的突出表征与内在要义。"心中众生，各于自身自性自度，何名自性自度？自色身中，邪见烦恼，愚痴迷妄，自有本觉性，将正见度，既悟正见，般若之智，除却愚痴迷妄众生，各各自度。邪来正度，迷来悟度，愚来智度，恶来善度，烦恼来菩提度，如是度者，是名真度。"① 正因为个体生命内藏"禅"（心），故能顺自心而启发"本觉性"，进而"各各自度"，成全生命的存在与形体建构。再次，个体生命的"禅"内核先天而在，无往而不复。"菩提般若之知，世人本自有之，即缘心迷，不能自悟，须求大善知识示道见性。"② 任何生命存在都有"禅"（心），这是生命存在先天之规定性，虽然生命存在因后天之迷误而难以即刻见性，但这种先天智慧却始终伴随着生命形式而存在。最后，以"禅"为内核的生命结构彼此"以心传心"，共建大生命结构系统。在禅宗生命美学视域中，个体生命内部都有"禅"（心），生命之间"不立文字"而依"禅"而交流，单刀直入，直指本心，顿悟成佛。总的来说，"禅"为生命存在、生命结构做了内在的规定性，禅宗生命美学将心性作为生命存在的第一要义，以心性本体论为生命的存在与结构找到了学理依据。

"空"原意为无或没有，即指向一种存在状态，禅宗生命美学的"空"也是一种生命存在状态的表述。当然，禅宗生命美学认为生命存在、生命结构是一种"空"的状态，并不是说生命一无所有、空空如也，而是从不二法门的维度，力主色空不隔，从本源上进行生命本体的形上建构和阐释。"色不异空，空不异色。色即是空，空即是色。"（《心经》）

---

① 惠能. 坛经（敦煌本）[M]. 郭朋，校释. 北京：中华书局，1983：44.
② 惠能. 坛经（敦煌本）[M]. 郭朋，校释. 北京：中华书局，1983：24.

色即空，色空为一，生命存在也应是色空一体，色空成为生命结构的又一独特表征。"色是幻色，必不碍空。空是真空，必不碍色。若碍于色即是断空，若碍于空即是实色。如一尘既具如上真空妙有，当知一尘等亦尔。"（法藏《修华严奥旨妄尽还源观》）首先，"空"应该指向生命的一种独特状态，而不是形下层面的空无。"夫色之性也，不自有色。色不自有，虽色而空。故曰：色即是空，色复异空。"（支遁《妙观章》）这里是说，色空意为物质与虚幻之相对而立，"空"本应为"色"之本体。对于个体生命而言，外在的生命形体是物质的，是"色"，但如此认识生命还没有真正见到生命本真，内在的生命样式是"空"，其内在规定了生命的存在与结构，是破除知障与色相的法门。其次，万法皆空，"空"应该是生命存在的本源状态。"舍利子，是诸法空相，不生不灭，不垢不净，不增不减。是故空中无色无受想行识，无眼耳鼻舌身意，无色声香味触法。"[1] 显然，在禅宗美学那里，五蕴乃至万物皆空，个体生命存在亦是"空"，而生命存在只有真正做到"空"，才能保全自我，才能认识和超越自我。最后，"空"之于生命结构、生命存在的意义还在于其能指引生命走向"了无牵挂"的生命状态，而这也是生命进入涅槃境界的前提。"以无所得故，菩提萨埵依般若波罗蜜多故，心无挂碍，无挂碍故无有恐怖，远离颠倒梦想，究竟涅槃。"[2] 生命存在只有了悟"空"，不迷恋任何色相，才能拯救生命本身，才能了然一切，"菩提本无树，明镜亦非台。本来无一物，何处惹尘埃"[3]。个体生命之"空"本源，使其进入"无差别"的状态，世界万物也没有

---

[1] 铃木大拙. 禅学入门 [M]. 谢思炜，译. 北京：三联书店，1988：41.
[2] 铃木大拙. 禅学入门 [M]. 谢思炜，译. 北京：三联书店，1988：41.
[3] 骆继光. 佛教十三经 [M]. 石家庄：河北人民出版社，1994：231.

什么区别了。当然，生命也在这样一种众生平等的生境中实现了各尽其性。总的来说，禅宗美学通过"空"给予生命结构、生命存在矛盾对立后的合一模式，使生命形式在辩证运动的过程中走向通融和谐的结构建构。

二、"无相""非凡非圣"与佛的人格

禅宗生命美学主张万法皆空，认为色相皆是物质的、空幻不实的存在，因而其在此基础上建构起来的佛的人格也应该是"无相"的。"无相"，佛教意为离一切相，是绝真理之众相，是超越外在表相而不执着之觉悟。"言无相者、释有两义。一、就理彰名。理绝众相、故名无相。二、就涅槃法相释。涅槃之法离十相。（《涅槃经》三十：色相、声相、香相、味相、触相、生住坏相、男相、女相、是名十相。）故曰无相。"（慧远《大乘义章》二）"是般若波罗蜜，是无相相。"（《大论·卷六十二》）

作为禅宗极为重要的术语，"无相"是一种最高觉悟，对于个体生命存在亦是一种至高的人格表征，即无形之人格形象。在禅宗美学看来，佛的人格不是具体的相所能承担的，所谓色相、声相、香相、味相、触相、生住坏相、男相、女相十相，皆远离佛性，不可通达涅槃真如境界，佛的人格是不能以是非、逻辑的世俗来确指与隐喻的，佛的人格就是"无相"的人格，佛的人格形象就体现在万物之中而又无法以万物来言说。首先，"无相"人格应该是一种独立人格，是剔除各种迷恋妄念色相后的纯净人格。禅宗常常提到"佛性常清净"，作为佛性的受体之人格，则更加注重其纯粹性，任何生命个体都需要排除一切外在诱惑与干扰，心性纯净，无相无念无往。其次，"无相"的人格应该是生命的一种本能和自性，众生皆有，其不因个体生命之区别而存在，是生命与生俱来的特性，所谓"人人皆有佛性"，自当人人皆有无相之人格，"我心自有佛，自佛是真佛。自若无佛心，何处求真佛？汝等自心是佛，更莫狐疑"（惠能《六祖坛经·付嘱品》）。生命本体是成就佛陀的关键，健全的佛陀亦是理想的人格、"无相"的人格。最后，生命个体也不可过于关注"无相"人格，念于"无相"、思于"无相"同样是一种执着，即有相，个体生命"一念若住，念念即住，名系缚。于一切上念念不住，即无缚也"①。也就是说，个体生命"无相"人格应该是一种"无执"型人格，不执着于他者，亦不执着于自我，是一种彻底的、通透的大彻大悟，"设使认得，亦不是汝本来佛。若言'即心即佛'，如兔、马有角；若言'非心非佛'，如牛、羊无角。你心若是佛，不用'即'他；你心若不是佛，亦不用'非'他。有无相形，如何是道？所以若认心，决定不是佛；若认智，决定不是道。大道无形，真理无对"（《祖堂集·南泉》卷第十六）。

禅宗生命美学之于佛的人格建构还指向对"非凡非圣"人格品位的阐释与言说。禅宗生命美学不像儒、道生命美学于治世与乱世、世俗与理想界为个体生命人格设立了一道高标，而是以个体生命之心本源出发，见性成佛，不假外物，不立文字，破除尘世与理想界的杂念，回归原初，以"平常心"悟道，成就"非凡非圣"的人格高标。首先，"非凡非圣"的人格不祈求依心欲而立，亦不受智愚俗圣所影响，"若真如自觉，不受所染，则称之为圣。遂能远离诸苦，证涅槃乐。若随染造业，受其缠覆，则名之为凡。于是沉沦三界，受种种苦"（神秀《观心

---

① 惠能. 坛经（敦煌本）[M]. 郭朋，校释. 北京：中华书局，1983：9-10.

论》)。这里对"凡""圣"的界定和把握还是以"所染"为据的,将清净心作为生命人格建构的核心,在剔除"三毒""六贼"的过程中以求解脱与超越。当然,"非凡非圣"人格的建构需要的不仅是这种清净心,更是一种"平常心",是一种自然自适的日常生活之心的流露,"何谓平常心？无造作、无是非、无取舍、无断常、无凡无圣。经云：非凡夫行,非圣贤行,是菩萨行。只如今行住坐卧,应机接物,尽是道。"(《景德传灯录》卷六《马祖道一禅师广录》)其次,"非凡非圣"的人格不是"凡"与"圣"的对立面,其指向的仍然是一种"无事"状态,是一种"无事人"的形象。为此,人们发现,禅宗生命美学的"非凡非圣"人格更多的可能是一种"无为"或"无事"人格,但这种"无事"人格显然不同于儒家"君子"勇儒人格的重经说教,也不同于道家"至人""神人"的天地大道,而是一种生命的自性行为与日常存在态势。最后,"非凡非圣"的人格亦同于佛性与般若智,不可言说,亦自在彰显,不可俗见,亦顿悟自得。"时有僧问：'如何是祖师西来意？'师云：'庭前柏树子！'学云：'和尚莫将境示人。'师云：'我不将境示人。'师云：'如何是祖师西来意。'师云：'庭前柏树子。'"(《赵州录》)佛意乃"非凡非圣"人格之体现,无须以境示人,"非凡人格"就在这种对自然万象的直观逼视中,在对日常生活的自然流露中彰显出来的,"非凡非圣"的人格体现的是即事而真的人格境界美。在禅宗生命美学看来,个体生命人格也是"立处即真"的,这个人格之"真"不是"他者"存在,而是"自在"而为。"问：'觉花未发时,如何辨得真实？'师云：'已发也。'云：'未审是真是实？'师云：'真即实,实即真。'"(《赵州录》)由此可见,"非凡非圣"人格理应随处可见,当下即是,却也难以言说,不可比拟,"非凡非圣"人格为中国古代人格范式提供了一个极为纯粹、简谱、圆满、自性的典范。

三、"不二法门"与般若境界

禅宗生命美学所要建构的生命境界是与其对生命存在、生命结构、人格美的言说相一致的,其以"不二法门"超越是非判断、超越现象本质、超越生命有无,以一种大智慧彰显生命的绝美境界——般若境界。

"不二法门"亦称"不落边见",比较早地出现在《维摩诘经》中,是大乘空宗的重要思想,其主张破"二"而臻于"一",以一种独特的哲性思维引领着个体生命走向生命境界美。对"不二法门"阐释与领悟最为透彻的显然是禅宗,所谓"两头共截断,一剑倚天寒"即是此意。禅宗生命美学认为,生命境界应该是"不二"之境,是一种没有边见、没有边界的浑然场域。首先,"不二法门"是一种超越知识、理智、感性、道德的哲性思维。正如前面所述,"不二法门"也是一种"平常心",其说"一"不"二",说"二"不"一",主张泯灭一切识别心,"心量广大,犹如虚空,无有边畔,亦无方圆大小,亦非青黄赤白,亦无上下长短,亦无嗔无喜,无是无非,无善无恶,无有头尾。诸佛刹土,尽同虚空。世人妙性本空,无有一法可得,自性真空,亦复如是"(惠能《坛经·般若品》)。世界万物本身没有什么区别,但却以"空",即真如为本源,这就是"一"。为此,个体生命就不要刻意地在意大小、青黄赤白、长短、嗔喜、是非、善恶、头尾等分别智,而是以平常心不取不舍,归一而宗。"寒山子话堕了也。诸禅德,皎洁无尘,岂中秋之月可比?灵明绝待,非照世之珠可伦。独露乾坤,光吞万象，普天匝地，耀古腾今。且道是个甚么？良久曰：此夜一轮满，清光何处无。"（《五灯会元》卷十六）"不二法门"排除了事物的"独露身"，亦打破了主观心灵的期盼，亦超越了时间空间之憾，使生命大道于"一"中趋于圆满自足。其次，"不二法门"是一种绝对平等，以一种"平怀"的方式面对宇宙苍生。在禅宗生命美学里，生命没有高低贵贱主客之分，个体生命自成世界，自在圆成。换句话说，个体生命都有走进"不二"之境的平等机会与权利，"不二"之境向众生敞开，众生以"平等慧"臻于"一"，"自性若悟，众生是佛；自性若迷，佛是众生。自性平等，众生是佛；自性邪险，佛是众生。汝等心若险曲，即佛在众生中；一念平直，即是众生成佛"（惠能《坛经·付嘱品》）。人人皆平等悟佛，"一念平直"而入"不二"之境也。最后，"不二法门"无生不灭，"不二"之境是无往的心灵之境。"不二法门"是超越感官世界的，生死不二，是心灵界中常住不变的佛性，"明与无明，凡夫见二，智者了达，共性无二，无二之性，即是实性"（惠能《坛经·自序品》）。"不二法门"之境不以智愚而在，不以生死而在，不以有无而在，所谓"无生法忍""外师造化，中得心源"是也。

  禅宗尤其强调摩诃般若波罗蜜，禅宗生命美学以般若境界作为生命最完美无缺的场域，以一种回到彼岸的大智慧去超越尘世的迷惑，从而静待生命自性的彰显。般若来自印度梵语，也称"波若""般罗若"等，意为终极智慧，是认识生命与万物本源的智慧。般若境界同时也是一种如来的心灵境界，是一种对生命存在超越前世今生与未来妄念的当下顿悟，"一念不生，前后际断，照体朗然，即如如佛"（清凉国师语）。显然，禅宗的般若境界有着浓郁的生命意味，而且与"不二"之境具有内在一致性。首先，般若境界以生命自性为本源，生命能识得自性，自能进入般若境界，"善知识，世人终日口念般若，不识自性般若，犹如说食不饱，口但说空，万劫不得见性，终无有益"（惠能《坛经·般若品》）。世多有凡夫而佛不多见，只因其皆为世俗所迷惑而不见自性，自不见般若智慧与境界，"不悟本性，学法无益；若识自本心，见自本性，即名丈夫、天人师、佛"（惠能《坛经·行由品》）。其次，菩提般若之智世人皆有之，般若境界皆为世人敞开。禅宗之所以要度化众人，皆因佛性无别，只需见性成佛，自悟本性皆可成。为此，般若境界也可视为生命之常境，无处不见，随处可见。最后，般若境界同样需要向"心中求"，需要个体生命保持心灵的"空"，去见得真如佛性，进入如来之境，"善知识，世界虚空，能含万物色像，日月星宿，山河大地，泉源溪涧，草木丛林，恶人善人，恶法善法，天堂地狱，一切大海，须弥诸山，总在空中"（惠能《坛经·般若品》）。个体生命心灵不染不取不舍，空心静坐，生命之般若境界自在彰显。总的来说，人们可以看到，禅宗生命美学的般若境界似乎唾手可得，其虽然存在于彼岸世界，但是却可通过生命个体的心灵界而通达，无须倚仗外在的权威与形上的内在超越去获得，这就使个体生命在现世中同样获得了更多的温情与怜悯，使个体生命于心灵维度具有了更多的延展性与自由性，而个体生命作为建构与被建构之存在始终游走在世俗化与审美化之间。

第三章

中国生命美学的价值取向

中国生命美学产生于特殊的文化语境，并由此形成了关于生命及其发展的独特言说。考虑到中国传统文化模式宗教性的缺失，美学问题实则关乎现实和信仰两个维度，中国生命美学实质上在自身的论域中部分承担了古人关于生命的原初设想与期望。就价值取向而言，中国生命美学以现世主义与生命自强不息为价值生发的基点，以完美人格的建构与审美化的人生相对接而形成有关生命的崇高理想，以生命的自我实现与不朽来彰显对生命的终极关怀与形上追求，三者交相化合、耦合并进，在生命本体的建构中渗透出浓厚的美学意蕴。

第一节 价值定位：现世主义与生命自强不息

对生命价值与意义的捕捉，中国生命美学从来都不是寄希望于彼岸世界的，那些"除了神秘的事物以外，再没有什么美丽、动人、伟大的东西"① "把人间及其众生相看作是上天的一览,看作是上天的应和"② 的论断与意图,对中国生命美学的言说方式的选择来说,都是缺乏吸引力,且无效的。从本源来说,中国生命美学形成了现世主义的价值立场,其在"子不语怪、力、乱、神"(《论语·述而》)的实用理性基础上展现了对生命既有存在状态的重视。当然,中国生命美学关于生命的思索是积极的,为生命安身立命以实现生命的自强不息始终是中国生命美学的价值出发点;将现世主义视域中生命的自强不息以审美的方式传达出来,是我们对中国生命美学价值的基本定位。

一、现世主义的优生情怀

中国生命美学对生命的言说是立足于现世的,并且在长期的发展历程中形成了现世主义的优生情结。从发生学的角度来看,原始社会的一切活动都是在仪式中进行的,中国古代关于美的断想也应该肇始于原始仪式。早期的仪式是人(巫)戴上兽面(自然物的表征),依照乐曲与神灵沟通交流,从而确立生命在宇宙中的地位;而这一"仰观""俯察"的过程对中国生命美学的创生具有重要意义。其一,原始仪式是以巫为中心的,巫即文身之人,他们以文身、面具等为凭借化为氏族代表,进入人神共舞的现场;值得注意的是,文身之人是仪式进行的核心环节,其对于自身形象的塑造与展示,都在一定程度上显现出原始生命之美。其二,原始仪式的宗旨在于"和",是一种包含乐、舞、人、神等因素在内的大和谐,"夔!命汝典乐,教胄子,直而温,宽而栗,刚

---

① 伍蠡甫. 欧洲文论简史 [M]. 北京:人民文学出版社,1985:236.
② 波德莱尔. 波德莱尔美学论文选 [M]. 郭宏安,译. 北京:人民文学出版社,1987:206.

而无虐，简而无傲。诗言志，歌永言，声依永，律和声。八音克谐，无相夺伦，神人以和"（《尚书·虞书·舜典》）。这种"和"的审美理想虽然体现出原始思维的混沌性、复杂性，但是仍然在现实层面传达出为生命存在寻求自我确证，以及以生命合天实现理想化生存的实际愿望。由此可见，原始重生意识为中国生命美学现实介入生命的言说提供了思想源泉，中国古代仪式也在生命美学创生之初就为其内在设定了现世主义的价值立场。

　　早期的实践理性与重生意识，使中国生命美学从一开始就远离了宗教、神秘等彼岸世界，这种思维指向随着古代审美思维的分化越发明显与张扬。伦理生命美学作为中国生命美学的基本形态之一，在人与社会和谐的建构中将现世主义的立场做了显性的发挥。孔子在血缘与泛血缘的基础上，提出了基于伦理的"仁"，将生命以"克己复礼"的方式安置在家国一体的宗法社会秩序中，用以应对乱世对生命的屠戮与伤害。孔子将"仁"拓展为"爱"与"孝"，让生命在这种血缘纽带中得以安顿与祥和，这其实就是一种"里仁为美"与秩序之美，是对生命存在状态的现实关注与理想预构。孟子对孔子之"仁"做了进一步的展开与阐发，"君子以仁存心，以礼存心。仁者爱人，有礼者敬人。爱人者，人恒爱之；敬人者，人恒敬之"（《孟子·离娄下》）。在他看来，这种由"仁"及"爱"的趋势已经成为生命的内在品格了，是礼崩乐坏的时代生命自我存在和充溢的保证。而荀子则在"性恶"的基础上"化性起伪"，以"伪"来纹饰生命本体，在"君子知夫不全不粹之不足以为美也"（《荀子·劝学》）的审美体验中，探寻生命在现存等级制度中的合理性与合法性位置，从而在一种"养"（自然）、"别"（秩序）之分中显现出生命存在的审美意蕴。孔、孟、荀从生命的伦理向度出发，直接面对乱世中的生命存在，将生命内化到社会制度与秩序之中，实质上体现出寻求一种整合性美的伦理生命美学旨趣。作为对生命伦理向度的建构，墨家则以"非"为切入点，将生命的存在与现存制度和秩序相对立，在反对形式主义美学的基础上同样显现出对生命状态本然显现的审美之思，其现世主义立场也是显而易见的；正如荀子所言之"蔽于用而不知文"（《荀子·解蔽》）一样，墨家的美学致思不在于文采之美，而是对生命现实所受之重的解蔽，其关于美的出发点都是立足于现世中的生命存在的。先秦时期从伦理角度对生命美学的现世主义立场的确立有所贡献的还有屈原，他在生命与社会制度及其秩序的现实伦理张力中彰显了生命的悲苦与倔强之美。由此看来，以伦理为向度的先秦生命美学从来没有回避现世中的生命存在，也不去关注现世生命之外的其他事物。"'未能事人，焉能事鬼？'曰：'敢问死？'曰：'未知生，焉知死？'"（《论语·先进》）如何为现世生命寻找到理想化、审美化的生存方式才是他们生命美学言说的出发点，这种优生的现世主义立场随着儒学地位的独尊而更加明显。我们知道，传统儒学主要是立足社会伦理与社会现实的，其在大一统的社会结构中主要体现为两层意义维度：一是把社会形态中的因子（包括人、事、物）和自然天道相互比照，最终建立起天人合一的宇宙大系统；二是转换为政治意识形态，作为社会立法的权力话语与价值生发系统。也就是说，关于生命的存在与言说也应当成为儒学的题中应有之义。"儒学不只是一种单纯的哲学或宗教，而是一套全面安排人间秩序的思想体系。从一个人自生至死的整个历程，到家、国、天下的构成，都在儒学的范围之内。……儒学绝不仅限于历代儒家经典中的教义，而必须包括儒家教义影响而形成的生活方式，特别是制度化的生活方式。"① 在传统儒学的经典化、合法化进程中，其对生命的安置与建构都是基于现世主义立场的，或者可以理解为一种"人道主义的方向，并且倡导一种人道主义的生活方式"②，而不具有超现实的神圣诉求；无论是汉代的"发乎情，止乎礼"，还是唐代的"人文化成"，抑或是宋明的"情理变化"，乃至清代的"万古性情"，都是基于生命的现存状态的，力图将其用一种更为合理与完善的方式调和、化合到社会伦理秩序中去，实现生命本体与社会体制的和谐一致——生命优生和社会优化的异质同构。显然，这种人与社会和谐关系的建构是要以意识形态的方式现实化、经典化、制度化的，就实际操作层面来说，其只能是基于生命的现存状态以及社会历史的客观演进的。因此，在这一过程中的生命存在也必然是现世的，对生命之美的发掘与建构也是基于生命现存状态的，虽然其中不乏个体与群类、理性与感性、现实与意义等的冲突与置换，但是，这丝毫没有影响以儒学为根底的伦理生态美学现世主义立场的确立。

相对于伦理生命美学对现世主义的显性发挥，自然生命美学与心理生命美学则在隐性层面张扬了现世主义立场。就自然生命美学而言，老、庄贡献最大，后来的玄学也为其发展做了应有努力；但是，就价值出发点来看，其无疑也是一种对现世生命的悲悯与热爱，是对生命审美化存在的感悟与建构。老子以"道"为核心，提出了回归"自然"的主张，以图将生命安置在趋利避害的"理想国"中来保全其本然状态。老子对生命的关注与重视是以对生命的持有和持存为基础的，其其关于生

---

① 余时英. 余时英文集·第2卷·现代儒学的困境 [M]. 桂林：广西师范大学出版社，2004：262.
② 杜维明. 新加坡的挑战：新儒家伦理与企业精神 [M]. 上海：三联书店，1989：11.

命的审美体验也应当是一种"自然"的表征；在他看来，"五色令人目盲，五音令人耳聋，五味令人口爽，驰骋畋猎令人心发狂，难得之货令人行妨"（《道德经·第十二章》）。这些具体的限定不仅无益于生命的审美化存在，而且只会对生命美的显现造成损害与遮蔽，真正的生命"大美"其实就在类似于"大音希声，大象无形"（《道德经·第四十一章》）的审美体验中自由涌现。面对衰世与乱世，老子以冷静、曲折的方式将生命存在"封存"于小国寡民的原始社会中，虽然少了对社会直接的热情投入，但是，我们分明能够察觉到一位"大隐者"对现世生命的无奈与悲愤。也就是说，老子对生命言说与审美感知的出发点是现世的，即使他将其寄托于不可回溯的"远古"，最终的迫降点与归宿却仍旧是关乎现世的、现实的、现存的"此在"。庄子继承了老子的"道"，并且以"自由"作为生命存在的最高表征，在一种"逍遥游"的理想状态中传达出生命的理想存在态势。庄子将生命视为"道"的现实显现，而生命美也是在对"道"的静观中自然呈现的，"天地有大美而不言，四时有明法而不议，万物有成理而不说。圣人者，原天地之美而达万物之理，是故圣人无为，大圣不作，观于天地之谓也"（《庄子·知北游》）。从表面来看，庄子传承了老子对生命存在予以保存的理念，但是在现世的立场上却更进了一步，这就是其对合规律性的再强调。庄子其实是将生命作为一种合规律性的存在的，即生命在与自然的和谐中达到二者共生共荣的局面；而且庄子对生命意义的开启也不是基于"复古"之中的，而是在"技进乎道"的现实层面可以窥见的，如"庖丁解牛""佝者承蜩"等皆是悟道与体验生命"大美"的有效途径。当然，庄子对生命的言说与审美感知不只体现在方法上的现世立场，就其价值出发点来说，现世的生命存在状态仍旧是其立说的基点；

"人之生也，与忧惧生"（《庄子·至乐》）、"人处焉，比其万物也，不似毫末在马体"（《庄子·秋水》）。正因为庄子看到了现世生命存在的"虚无"与"渺小"，才激发了其对生命存在状态的关注与倾心；所不同的是，庄子没有从伦理纽带出发，而是从自然纽带出发，从而在对人与自然和谐的"道"的仰观中看透了生命存在的本质——自由逍遥，因而显现出与伦理生命美学不一致的现世主义立场。老、庄从生命的自然向度出发，将现世的生命存在安置在宇宙的大系统之中，在衰世与乱世中走向了对生命本真状态的彰显，在优生的现世主义立场下体现了追求和谐"大美"的自然生命美学旨趣。

此外，魏晋既是一个杀生的时代，又是一个重生的时代，玄学作为这一时期的思想价值体系，注定了其离不开对生命的言说与建构；这一时代特征不仅使其与自然生命美学邂逅，而且展现出极为强烈的现世主义立场。玄学的"有无""圣人之情""独化""玄冥"等理念皆体现出浓厚的生命意蕴，是在现世苦难与有限生命被认识之后的一种重生意识以及为生命寻找安身之所的抉择。我们看到，魏晋时期的生命存在是处于一个变动的社会图式中的，朝廷朝夕更迭、生灵涂炭、社会混乱、权威扫地……这些都使生命存在在沉重的疑问、焦虑、压抑中并陷入痛苦的挣扎。魏晋玄学的社会背景与生命根基无疑使其表现为对这种生命苦难意识的捕捉与抒写；但是，生命的苦难意识并没有走上消极的避世心态与虔诚的宗教观念，而是以一种形上思维将苦难导向了自然生命美学的领域——对现世生命的审美体验，如竹林七贤在一处脱离朝廷的非宫苑地方以艺术化的方式醉酒、作乐与宣泄，东晋的"兰亭"文人将生命融入山水自然来追寻瞬间的安顿与自由，梁朝文人对生命体的艺术观照与赏玩等，都力图在生命与自然的和谐关系建构中实现生命审美化的生存与显现。显然,这种自然生命美学的向度是源于现世生命的苦难表征及其现实存在方式的困境的,因为"当无的本体被突出,人就被截断了向上的仙路,没有了后世的延续"①。现世主义立场就成为他们的必然选择,并且深深地烙印在魏晋玄学的生命审美体验的现实进程中了。因此,从整体来看,自然生命美学仍基于现世生命的"不自由""不安顿"现状,将生命存在及其美学显现与自然相关联,从而生发出以现世生命审美化存在与和谐发展为基点的美学之思。

心理生命美学作为中国生命美学的基本形态之一,也在隐性层面体现了深厚的现世主义立场。生命的审美化存在不仅体现为与社会、自然的和谐建构,而且内在地指向了生命自我和谐的建构,"若解向里寻求,见得自己心体,即无时无处不是此道。……心即道,道即天。知心则知道、知天"(王阳明《传习录》)。由此而推演,心灵的和谐之美也是体现大道的生命审美形态的现实显现方式之一。对于生命心灵和谐的美学言说,禅宗无疑贡献最大,而老庄、玄学、心学等也有一定的论及;他们从现世生命存在的自我向度出发,体现出为衰世、乱世、治世中的生命存在寻求内在和谐的优生理路与美学致思。老子提出"涤除玄鉴"而"致虚极,守静笃"(《道德经·第十六章》),以实现内心的纯净与和谐之美;庄子以"心斋""坐忘"的方式寻求生命内心的"无己""丧我"之境,以求达到生命的至美;老、庄的这种生命心灵和谐的建构虽然有超越现实的一面,但其本质是将生命的内在美放置于可触、可感、可达的现实世界,具有现世主义的深刻基础。魏晋玄学不仅现实地展现了生命的美学意蕴,更为重要的是,它"使个体的生命活

---

① 张法. 中国美学史[M]. 上海:上海人民出版社,2000:116.

动在沉重的疑问、焦虑和痛苦的挤压下向内在方面凝结，形成一个内在的存在物，这就是原始时代从不曾有过的自我意识结构，或者称之为个体化形式"①。即关于生命心灵和谐的建构。也就是说，魏晋玄学关于生命存在的美学言说，实际上具有在心灵层面为生命存在提供宣泄与敞开的维度，如嵇康、阮籍、陶渊明等人，就是在以艺术化的方式对生命存在进行审美体验中实现了心灵上的瞬间安顿与和谐；当然，这种心灵和谐的建构是直接面对现实的，直接面对现世生命的存在状态的。关于生命心灵和谐的美学言说，自然离不开禅宗的开掘。作为佛教中国化的特殊思想形态，禅宗从一开始进入中国古代的审美视域就逐渐与中国社会现实以及中国古人的审美思维相融合，而成为营造生命心灵和谐的重要美学话语资源。禅宗以"不立文字，直指本心"的思维方式在日常生活的审美体验中获得生命存在的顿悟与美感，将"自悟、自证、自到"的心灵向度做了极大的张扬。禅宗对生命的美学言说是围绕自我心灵—世界—佛三位一体的结构的，其最终的落脚点却还是生命存在的心灵向度，即"自识本心""自性自度"的心灵内在完善与和谐；为此，禅宗对心灵和谐的美学建构就具有了心理生命美学的旨趣。从总体来看，禅宗对生命心灵和谐的开掘是现世主义的，其一，禅宗进入中国生命美学视域本身就是一种世俗化、现世化的行为；其二，禅宗对生命的美学言说主张采用一种非对象性思维，"物我不分"就在本源上排除了对彼岸世界的幻想，生命内在的和谐就显现在伐柴担水的日常生活之中；其三，结合生命存在之于现世的不能承受之重，禅宗对生命心灵维度的建构就体现出极强的现世色彩。明代的心学对生命心灵和谐的建构

---

① 刘士林.澄明美学：非主流之观察［M］.郑州：郑州大学出版社，2002：247.

也有一定的贡献，其提出了"致良知"的观点，"是非之心，不虑而知，不学而能，所谓良知也。良知之在人心，无间于圣愚，天下古今之所同也"（王阳明《传习录》）。将外在的道德高标转换为对生命内在理趣的诉求，甚至以一种"童心"昭示生命心灵的本然态势，在美学维度上直指生命心灵和谐的建构。明代心学之于生命心灵的言说同样是现世主义的，它显然是针对"知而不行"的虚浮世风、"人失其心，交骛于利"（王阳明《节庵方公墓碑》）的社会现实，以及生命心灵的萎靡与压抑状态的。由此看来，现世主义立场也是心理生命美学价值阐发的出发点，这是符合中国生命美学的总体价值定位。

以现世主义为价值基点，中国生命美学的三种基本形态都体现出为现世生命存在寻找优生情境的美学之思，这也从侧面反映出在缺乏信仰的国度美学必须承担现世维度的历史宿命。

二、生命自强不息的生生法则

生命的存在方式往往有多种表征，线性的或曲折的，纯粹的或复杂的，自由的或不自由的，审美的或非审美的……它们内在地构成了我们对生命言说的话语选择。同样作为一种生命存在的表征方式，中国古人的生存情境却多与苦难、杀戮、痛苦、眼泪、创伤、死亡等纠结在一起，形成了一段关于生命存在与发展的历史演绎史与意义生成史。而就关于生命的美学言说而言，我们却极少发现对生命颓废、柔弱、厌世状态的体验，取而代之的则是对生命刚强、倔强、顽强发展态势的呈现；究其原因，则与中国生命美学的价值定位密切相关。由于特殊的文化语境与模式，中国生命美学形成了以生命自强不息为基点的价值取向，将生命的生生法则做了形上的建构与把握，体现出积极进取的生命价值观与审美观。

　　从发生学角度来讲，中国生命美学选择以生命自强不息的生生法则为价值准绳是符合中国传统文化精神以及自身的意义维度的。中国传统文化的基本精神之一就是自强不息，如"天行健，君子以自强不息"（《易·乾·象传》），就是在一种天人相应的宇宙系统中要求生命如天体运行一样周而复始，进而自强不息、源远流长。而后，随着中国传统社会理性精神的发展，这种自强不息的精神内涵也融入了现实社会生活层面，"先秦各家为寻求当时社会大变动的前景出路而授徒立说，使得从商周巫史文化中解放出来的理性，并没有走向闲暇从容的抽象思辨之路（如希腊），也没有沉入厌弃人世的追求解脱之途（如印度），而是执着人间世道的实用探求"[①]。也就是说，中国传统文化的理性精神内在地赋予了对生命存在的现世倾注，并且必然是一种积极的、实用主义的和充满进取精神的探寻与建构，而其体现在美学上则是对生命自强不息的体验与升华。另外，中国生命美学在传统社会结构中具有重要的意义和地位，它不单单是一种审美感想与体验表达，更是承担了古人的一部分信仰使命，其需要在自身的论域中为古人建构一种关于生命断想与遥望的形上意蕴。信仰是关乎美好的、理想的，它本身就拒斥了生命存在中的消极与萎靡状态；显然，这样一种特殊的意义维度促使中国生命美学必须以一种积极的姿态面对生命，将自强不息的价值取向作为生命发展历程中的主旋律，引导生命追求更加审美化的存在和发展态势，从而肩负起古人在以实用立场远离宗教信仰之后有关生命存在与发展的理想预期和重托。由此看来，以生命自强不息的生生法则作为价值基点，

---

① 李泽厚. 中国古代思想史论 [M]. 北京：人民出版社，1986：301.

实质上体现了中国生命美学较为浓厚的民族特色,也是其作为"性命之学"之于生命存在与发展的美好承诺。

作为一种整合性美和秩序美,伦理生命美学很好地调和了生命与社会的矛盾,将生命存在以审美化的方式安置在社会系统中的同时,彰显了生命自强不息的生生品格。伦理生命美学对生命的言说是以对生命的调适来配合社会秩序的,形成的是以社会和谐为基础的生命和谐之美;为此,在这一生命美的建构过程中,其必然会面对生命的困苦、萎靡、压抑等状态,只是伦理生命美学将其巧妙地转换为对伦理纲常纽带的遵守,以树立一种自强不息的生命姿态来弥合生命与社会之间的矛盾张力,剥离了生命存在中那种具有颠覆与分裂既有秩序的因子,从而在整体上显现出生命存在与社会秩序相一致与统一的和谐发展进程。孔子提出了"文质彬彬"的生命理想与审美风范,并且主张在"兴于诗、立于礼、成于乐"(《论语·泰伯》)的过程中完成生命的审美化生存,以一种积极进取的生命姿态面对社会中的弑、篡、乱、夺,在乱世中张扬了生命的自强不息精神与顽强进取的精神。孟子将"气"作为生命得以长存的内在特质,以"养气"来作为乱世中生命得以存在的"生生"法则,"其为气也,至大至刚,以直养而无害,则塞于天地之间"(《孟子·公孙丑上》)。孟子将生命的主观精神进行了一定的张扬,实则是在"配义与道"的基础上以对生命的调适来实现社会的和谐与"大治",这种调适自然是以生命的自强不息精神为基础的,是对生命存在与发展的充分自信与肯定。屈原以"高余冠之岌岌兮,长余佩之陆离"的生命姿态,将"路漫漫其修远兮,吾将上下而求索"(《离骚》)的自强不息与道德情操淋漓尽致地表现了出来,最终以生命存在的极端方式(自杀)昭示了生命的顽强不屈与生生不息。中国传统社会走向"大一统"后，伦理生命美学对生命自强不息精神的表达主要是通过"道"的显现方式来实现的，它内在地树立了一个"道统"作为生命存在及其发展的最高标尺，将"合乎道"的法则看作生命美的现实体现，从而引导生命积极地去奋斗和去创造。一方面，"道"是宇宙的法则，与天地相齐辉，追寻"道"就自然是一个生生不息的过程，这就在本源上要求生命具有自强不息的生存姿态；另一方面，"道沿圣以垂文，圣因文而明道，旁通而无滞，日用而不匮"（刘勰《文心雕龙·原道》）。"道"又在现实社会层面体现为"征圣"与"宗经"，这种可望又可即的"道"必然激励着生命个体努力寻求"经义"而"成圣"，最终在近"道"的基础上实现生命的完善与和谐。此外，伦理生命美学的现世主义立场阻断了生命通往宗教天国的通道，而其又将生命的苦难仅仅看作悟"道"的一种方式而不予理会，这就造成生命存在在现世层面上就只有自强不息、积极进取这一条路可通往了；"发愤著书""积极入世""经国伟业""不平则鸣""修身立诚"……它们在体现传统"道统"价值旨趣的背后处处闪耀着生命自强不息的生生品格，以及以此为基点调整生命存在状态、追求生命与社会和谐共生的美学意蕴。

　　自然生命美学将生命存在与自然相关联，以一种迂回的方式营造现世生命的审美化存在和发展；虽然所用路径过于冷静与超脱，但是就生命存在状态来说，其仍然展现了自强不息的生生法则。老子将有限的生命存在归于"道"的创造，而"道"却是"周行而不殆"（《道德经·第二十五章》）的；为此，聚"道"之"精气"的生命存在也是生生不息的，其美态也是永不衰竭的。老子还以水作喻，传达出对生命柔弱而自强之美的称赞，"天下莫柔弱于水，而攻坚强者莫之能胜，以其无以易之。弱之胜强，柔之胜刚，天下莫不知，莫能行"（《道德经·第七十八章》)。庄子将生命存在化为一种主观精神,在"不食五谷,吸风饮露,乘云气,御飞龙,而游乎四海之外"(《庄子·逍遥游》)的冥想中透露出生命自强不息的进取姿态与存在方式。庄子的"虚己游世"是一种顺应"自然"、寻求生命与自然契合一致的行为,其目的不是放弃生命存在,而是在一种合规律性中实现生命的审美化存在,"如果说牛的筋骨盘根错节,象征着人世间的错综复杂,那么人生就应该像庖丁的用刀,'恢恢乎其于游刃必有余地矣',在社会的缝隙中游刃有余,潇洒自如"①。显然,庄子是从主体维度最大限度地发挥了生命自强不息的精神,并且在"修其天年"(《庄子·人间世》)的生命存在的"生生"法则中实现了与"道"相和谐的生命美学建构。魏晋时期的士人承受着社会与个体的双重苦难,他们不仅没有被乱世所压倒和吞噬,反而在与自然和谐关系的建构中展现出自强不息的生命存在与发展态势,"汉末魏晋六朝是中国政治上最混乱、社会上最苦痛的时代,然而却是精神史上极自由、极解放,最富于智慧、最浓于热情的一个时代"②。魏晋士人以积极、顽强、自信的生命姿态演绎了一段生命存在史,曹操"以观沧海"的气魄体会出浩大宇宙的无穷魅力以及生命万物的慷慨激情;曹植的游仙诗就在近乎梦境的游仙途中释放出浓郁的生命情怀,并且在一种生存体验中宣泄出生命的不屈与顽强;嵇康、阮籍等竹林七贤在放荡豁达的行为艺术表面深藏着对生命存在及其发展态势的积极张扬,并且最终上升为一种对生命的超越感触与美学意蕴;兰亭士人的雅乐聚会更是一种在高堂之外对现世生命存在的僭越行为,将生命存在融入自然山水,在与自然的相互关联、相互比附、相互交流中实现了对生

---

① 王凯. 逍遥游——庄子美学的现代阐释 [M]. 武汉:武汉大学出版社,2003:228.
② 宗白华. 美学散步 [M]. 上海:上海人民出版社,1981:208.

命意义的层层开启；陶渊明在旅居田园的行为抉择背后也深藏着"不折腰"式的倔强、洒脱与自强的生命姿态；即使是南朝士人，也在玩赏"美人"的艺术行为中体会到了"气韵生动"的生命体态与生命情怀……总的来说，魏晋士人在动乱的社会情境中仍然保留了生命自强不息的存在态势，在一种与自然相依相生的双向交流中彰显出自然生命美学之于生命存在与发展的积极态度和价值抉择。

生命与社会、自然的比照中实现了自我和谐存在的确证，同时，生命本身也是一个"自足体"，它需要不断地进行自我的修正与完善；心理生命美学作为对生命自我心灵和谐的建构，也是以生命自强不息的生生法则为基点的，并且在心理层面展现出中国生命美学对生命存在与审美化生存的积极姿态和进取精神。禅宗美学对心灵和谐的建构是以一种非对象性思维进行的，它认为"在对象性思维之前还有先于对象性思维的思维，它更为根本、更为源初，是人类真正的生存方式，而且集中全力对之加以诘问"①，并且在"本来无一物"的通透中实现生命的本真存在。由于禅宗不是一种以实践性为核心的对象性思维，"并非从实体意义上讲本体，而是从本源性的意义上讲心的本真状态或本然状态，因此，它不是实体性而是本源性，它的实现还必须通过'作用心'或者呈现为'作用心'"②。我们就不能在一般意义上理解其对生命行为的思考。从本质上来看，禅宗对生命存在仍旧是一种积极姿态，只不过其是以"妙悟"的行为方式来展现生命自强不息的生生法则的，"玄道在于妙悟，妙悟在于即真。即真则有无齐观，齐观则彼己莫二。所以天

---

① 潘知常. 生命的诗境——禅宗美学的现代诠释 [M]. 杭州：杭州大学出版社，1993：47.
② 皮朝纲. 禅宗美学思想的嬗变轨迹 [M]. 北京：电子科技大学出版社，2003：43-44.

地与我同根，万物与我一体"（僧肇《涅槃无名论》）。也就是说，禅宗美学是将"妙悟"的过程同样看作生命自强不息的发展历程的，在对"妙悟"之世界的追问中彰显出对生命存在的精神家园、对生命化的世界、对生命栖身之所的现世追问，并且始终预构了一种"万古长空，一朝风月"的理想境界来激励生命洗去尘埃、完善自我心灵，于"不思量底"中显现出生命与众不同的进取维度和生生法则，最终实现天人合一的生命审美胜境。我们再来看心学美学对生命自强不息的介入与展示，心学美学主张"心"为天地万物之主，力图在生命内在心灵维度实现对外在之"理"的超脱，形成了以追求"我心"完善为主旨的生命审美化存在与发展历程。然而，心学美学并不是如禅宗美学那样以非对象性思维理解生命行为，反而是更为直接地提出了"知行合一"的口号，"真知即所以为行，不行不足谓之知"（王阳明《传习录》），充分突出了生命存在在道德实践中的主观能动性，在激发生命自我意识的同时也流露出对生命存在与发展进程中自强不息精神的认同与肯定。尔后，无论是"童心"说，抑或是"至情"说，在对生命的美学审视中也都体现出以凸显"我心"为中心的进取意识和积极态度；况且他们还要以人之本心、本情对抗与颠覆既有的"闻见道理"和僵化腐朽的现实世界，足可见他们对生命存在与发展的完美形式之一——"我心"所寄予的厚望与战斗精神，如"情不知所起，一往而深，生者可以死，死可以生。生而不可与死，死而不可复生者，皆非情之至也"（汤显祖《牡丹亭记题词》）所展示的生命存在方式，其所传达出的生命自强不息的生生法则的立场溢于言表。因此，就心理生命美学而言，由于所采用的路径与方式不一，其在对生命自强不息的生生法则的展示方面也存在诸多向度与选择；但是，心理生命美学在对生命心灵和谐建构的态度上始终是积极的，对生命审美化存在与发展预期也是充满信心的。

从整体来看，中国生命美学所传达出的关于生命存在及其发展态势的思索是积极的，在现世主义立场下对生命自强不息的生生法则的坚守与张扬是中国生命美学价值取向的基本立足点。

第二节　生命理想：完美人格与审美人生

中国生命美学在生命理想上追求一种完美人格，将完美人格的建构作为进入审美人生的必由路径。也就是说，中国生命美学给我们展示人格高标的意义在于在各种光辉形象身上见证某种人生境界；它首先走的是一条体验式的人生美学路径，其试图在对理想人格的建构中彰显出"落花流水""自由优游"的人生之境。

一、完美人格的开掘与建构

翻开中国古代思想宝库中有关生命的美学言说，几乎时时处处表达出对人格形象的理想预期与美好愿望。从"羊人之美"滥觞，中国生命美学的各种基本形态在生命理想上都指向了对完美人格的开掘；伦理人格、自然人格、心理人格构成了中国生命美学对完美人格建构的三个基本向度。

伦理生命美学对完美人格的建构力图以"君子"的光辉人格形象作为生命理想存在与发展的标尺，从而树立一种道德权威和审美权威。孔子提出的"文质彬彬"在人格层面就是要求"文"与"质"一致，而后可以成为"君子"；所谓"文"就是对人格外在层面的规范，而

"质"则是包含了仁、义、礼、智、信等在内的多种品质，是对人性丰富性的一种全面整合。孔子不仅提出了理想人格的标准，而且进一步提出了对理想人格的操守，如"一箪食，一瓢饮，在陋巷，人不堪其忧，回也不改其乐"（《论语·雍也》）。将理想人格的操守与安贫乐道相统一，在"不义而富且贵，于我如浮云"（《论语·述而》）的洒脱中始终保持人格的完善性与理想性。孟子在人性本体论上将"声色味"予以贬低，"耳目之官不思，而蔽于物，物交物，则引之而已矣"（《孟子·告子上》）；高扬"心悦仁义"，将其作为完美人格建构中的内在属性，形成了以"充实"—"心悦仁义"为基础的人格美，"充实之谓美，充实而有光辉之谓大，大而化之之谓圣，圣而不可知之之谓神"（《孟子·尽心下》）。孟子对完美人格的建构是步步升华的，首先是"充实"，即保有"心悦仁义"；其次是"大"，即养浩然正气而"有光辉"；最后是达到"圣"与"神"的人格至境。总的来看，孟子在审美之维与道德之维两个层面对人格美进行了双重建构，并且将生命道德的纯化与提升和生命美态的崇高与升华相契合，最终以形成一种道德化、审美化的伦理人格为结穴。此外，孟子同样在此种完美人格的操守方面做了较为系统的论述，"居天下之正位，行天下之大道，得志与民由之，不得志独行其道，富贵不能淫，贫贱不能移，威武不能屈"（《孟子·滕文公下》）。相对于早期对"帝"与"圣"的人格典范建构，孟子实则将完美人格回归了现世一般大众——"士人"，"待文王而后兴者，凡民也。若夫豪杰之士，虽无文王犹兴"（《孟子·尽心下》）。基于战国士人阶层的现世积极意义及其人格典范影响的时代背景，孟子站在伦理的角度对生命的人格形象做了极大的开掘，不仅是对伦理生命美学生命理想的有力论证，而且是对时代精神与要求的迎合与顺应。

在早期伦理生命美学的众多完美人格的建构中，屈原具有独特的影响和地位；他不仅将完美人格诉诸形式风格的华丽与完善，如"佩陆离""芙蓉裳"等，而且于执着、深情、忧愤、高傲、决绝的行为方式中树立了另外一种光辉人格形象，在对伦理秩序遵循与不满的二元矛盾张力中显现出人格的永恒魅力。进入"大一统"的封建帝国之后，伦理生命美学对人格形象的开掘是以社会运行机制的内在秩序及其核心价值旨趣为基础的，其伦理道德意蕴也更为厚重。汉代对深谙治国之道且具有恢宏道德修养的儒士尤为重视，汉代士人也在"太平盛世"下积极投身政治，以实际行动参与国家政权及其意识形态的建构，形成了以注重理想抱负、道德修养、力诵圣德、尽成忠孝为基础的人格形象开掘路径，如陆贾、贾谊、孔安国、董仲舒、司马相如、公孙弘、司马迁、班固、扬雄、王逸等，都在此路径中于一定程度上彰显出了汉代社会所认可的完美人格形象，"若司马相如、虞丘寿王、东方朔、枚皋、王褒、刘向之属，朝夕论思，日月献纳。……或以抒下情而通讽谕，或以宣上德而尽忠孝"（班固《两都赋序》）。唐代以其"海纳百川"之势推进了多种人格典范的生成，但就社会主流人格而言，仍旧以志于道的伦理人格典范为中心，形成了"勇儒"型的完美人格形象。陈子昂寄出"感时报国恩，拔剑起蒿莱"（陈子昂《感遇三十五》）的壮心意气，杨炯发出"宁为百夫长，胜作一书生"（杨炯《从军行》）的肺腑豪言，杜甫在"朱门酒肉臭，路有冻死骨"（杜甫《自京赴奉先县咏怀五百字》）的现实情境中仍旧深怀一颗真挚而进取的儒心，韩愈在"文以载道"和"不平则鸣"的理论表述中表露出复兴儒道的历史使命，颜真卿更是于乱世中实现了"吾守吾节，死而后已"（《新唐书·颜真卿传》）的完美人格操守，白居易则于"讽喻"中昭示了一种批判与担当的士人姿态与人格……可以说，唐代士人真正以生命现实存在的方式将"勇儒"型人格形象发挥到极致；"勇儒"型人格不仅体现了积极进取、持之以恒、面向现实的人格精神，而且融入了儒学仁义、宽厚、忠孝等伦理道德理念，"仁义存乎内，彼圣贤者能推而广之"（韩愈《答陈生书》），并且将完美人格形象的建构与现存社会秩序及其意识形态相整合，从而为中国完美人格形象谱系增添了一系列颇具时代特征而又深具历史意义与影响的光辉人格典范。面对儒学的内转倾向，宋明士人突出了伦理人格生成的内核，以"理""气""心性"等范畴讨论人格美，以期对理想人格做出某种心性规定。具体而言，周敦颐、苏轼的人格形象代表了这一时期完美人格的典范。周敦颐用一种纯洁、高亮的品格来规范人格美，"予独爱莲之出淤泥而不染，濯清涟而不妖，中通外直，不蔓不枝，香远益清，亭亭净植，可远观而不可亵玩焉"（周敦颐《爱莲说》）。其不仅以隐喻的方式提出了完美人格的高标，而且含蓄地表达了宋人彻悟人生、回归平淡的精神取向。作为具有深远影响的文化名人，苏轼的人格形象也为后世所效仿；他将进取精神、道德伦理、理性意识、超脱维度都纳入主体人格，形成了一种"杂糅"的完美人格典范。我们看到，在苏轼的主观世界中，无论是"老夫聊发少年狂""会挽雕弓如满月"（苏轼《江城子·密州出猎》）的入世精神，还是"人有悲欢离合，月有阴晴圆缺，此事古难全"（苏轼《水调歌头·明月几时有》）的感伤柔情，抑或是"小舟从此逝，江海寄余生"（苏轼《临江仙·夜归临皋》）的无奈悲怆，都能使其人格形象更为丰满圆润，且足以彪炳千秋。时至清代，士人们开始对伦理人格进行总结，涌现出一批完美人格典范，如法"万古之性情"的黄宗羲、主"阴阳刚柔相济"的姚鼐等；而随着各种矛盾的激化，清代士人甚至在实用层面践行着

"修、齐、治、平"的人格典范理想。综观伦理生命美学对完美人格形象的建构，其始终是在道德与审美的双重维度与空间中进行的，展现的是生命存在的伦理纽带与自由发展之间的矛盾张力在经过调适与整合后共生理想的发展态势。

自然生命美学对完美人格的建构多基于一种宇宙视野，形成的是一种秉承"天道"之光辉的理想人格形象典范。老子从宇宙之"道"出发来审视天地万物，自然把人格美也放到了其"道"论中；但是，我们仍可以从中窥见老子所期望的完美人格。老子提出的"是以大丈夫处其厚，不居其薄；处其实，不居其华"（《道德经·第三十八章》），就是指出完美人格在于内在的"厚""实"，而不是形式上的"薄""华"，本质上是对"道"的一种体认与秉承。老子心中的完美人格同时应当是"自然"的，即不做作、体道而不伤道、微妙玄通，"是以圣人方而不割，廉而不刿，直而不肆，光而不耀"（《道德经·第五十八章》）。由此可见，体道而不伤的"圣人"才是其认可的完美人格形象；但是，它显然不是伦理层面的主体人格形象，而是自然生命美学视域中一种自然主体人格美的典型了。庄子对自然人格的建构也是基于其"道"论的；对人格美而言，庄子认为，只要是体道之人在人格上就是美的，"道与之貌，天与之形，无以好恶内伤其身"（《庄子·德充符》）。为此，庄子在完美人格形象的建构中甚至将"兀者""支离者""瓮盎大瘿"等得"道"之人也纳入进来了，因为在他看来，"德有所长而形有所忘"（《庄子·德充符》），真正的人格美不在于貌之美恶，而在于是否能够在"万物皆一"的宇宙中"安之若命""观于天地"。当然，庄子的完美人格并不仅寄托在这些"形毁"之人身上，他们只是庄子进行人格美阐发的一个选择与确证。庄子的完美人格应该是由那些超越"形骸"而保有"德之至"的人承担着的,是一种精神上超脱、生命存在形式自由、自然之道深藏于心的人格典范形象——至人、真人、神人;"至人之用心若镜,不将不迎,应而不藏,故能胜物而不伤"(《庄子·应帝王》),"故素也者,谓其无所与杂也,纯也者,谓其不亏其神也,能体纯素,谓之真人"(《庄子·刻意》),"藐姑射之山,有神人居焉,肌肤若冰雪,绰约若处子,不食五谷,吸风饮露,乘云气,御飞龙,而游乎四海之外"(《庄子·逍遥游》)。显然,按照庄子关于完美人格的自我表述,至人、真人、神人才是他心中所期望的完美人格形象,才是合于"道"与配于"天"的生命理想及其光辉显现。魏晋时期的玄学美学也在生命理想的探寻中创造了一系列的完美人格形象,"汉代知识阶层向上规范君主,向下教化百姓的言说路向为积极拓展和精心营构各种纯精神性的意义空间所取代;以往那种强烈的社会批判精神为贵族化的审美趣味所取代;为社会确定价值秩序的立法者冲动被打造个体性的精神世界和高雅品位的热情所取代"[1]。魏晋玄学美学实际上在寄情山水、回归自然的过程中将人格主体进行了某种形上的建构与开掘。竹林七贤在非宫苑的地方一起喝酒、聊天、吟诗、作乐,他们远离朝廷,在朝廷之外,自有其乐,他们放浪形骸,无拘无束,率性而为。嵇康不惧朝廷淫威,临死之时亦能高声弹奏《广陵散》;阮籍故作糊涂,以酒消除万古愁;刘伶不畏世俗,赤身于光天化日之下;东晋陶渊明"不为五斗米而折腰",毅然辞官"复得返自然"。这些士人游于山林、自然之中,寻找合于文化理想又合于自身生存的地位与情境,以一种特立独行的人格形象面对主流意识形态的束缚,在特殊的政治场

---

[1] 李青春. 文学理论与言说者的身份认同[J]. 文学评论, 2006(2).

域中彰显了完美人格形象对现实表示无奈、对朝廷秩序表示反抗、对生命表示体恤的独特品性。魏晋玄学美学的完美人格形象主要是一种自然人格主体，它远离了伦理道德的牵引与规化，在对"积极入世"的怀疑与迷茫中回归了"自然"（真实的自然与生命的自然），并且将"无"作为完美人格的理想内核，"无也者开事成务，无往而不存者也，阴阳恃以化生，万物恃以成形，贤者恃以成德，不肖恃以免身"（《晋书·王衍传》）。在与自然和谐相通的过程中形成了各种具有典范意义的自然人格形象，如《世说新语》中所描述的"神姿高彻，如瑶林琼树""濯濯如春月柳""神锋之隽"等人格形象。同样是对完美人格形象的理想建构，自然生命美学却超越了伦理道德而高扬了"自然"（或道或本真或自然）本体，使人格形象有了"禀阴阳以立性"（刘劭《人物志·九征》）的可贵灵气与傲骨，将理想人格的生成从道德与审美向度转向了自然与审美向度，成为中国生命美学、生命理想得以实现的又一种典型路径。

　　心理生命美学对完美人格的建构是力图营造一个平淡、和谐、独立的心理人格主体，将心灵的超脱与完善作为完美人格的基本品性，形成的主要是一种"非凡非圣""圣贤气象"或"有情者"等多种理想人格形象。禅宗美学将心灵的绝对自由建立在对生命存在困境的超脱之上，坚信以心灵自由的表现形式——自力、自度、自救来获取一种高度无滞、心灵洒脱、精神自由的完美人格形象，"佛向性中作，莫向身外求"（《六祖坛经·疑问品》）。总体来看，禅宗美学对完美人格形象的建构采取了主体性的心灵向度，这就使人格美的生成摒弃了外在的努力与实践，使宗教式的虚幻神性走向了生命存在的心灵世界，并且在一种看似平凡的日常生活中实现心灵的"顿悟"与禅道的体悟，"运水担柴，莫非神通；嬉笑怒骂，全成妙道"①。当然，在禅宗美学看来，能够做到这些的必定是"智者"，他们所具有的品质也就是他们所追求的完美人格。为此，就禅宗而言，他们在自身禅门中创造了众多的"偶像"，如达摩、释迦老子、文殊、普贤、等觉、妙觉、普提、涅槃、十二分教、四果、三贤、初心、十地等；但是，禅门"偶像"对于普通人的意义则在于"自心是佛"，在现实的、具体的、平凡的日常生活中"不与物拘，透脱自在"（《古尊宿语录》卷四《临济义玄》），实现心理人格的完美展现。禅宗美学对心理生命美学完美人格的贡献主要体现在"心境"的建构上，其在对普通人的心灵进行纯化的同时，显现出超凡脱俗的心理人格形象。谢灵运以"出水芙蓉"的手法于山水园林之中传达出一颗"禅心"，如"海鸥戏春岸，天鸡弄和风。抚化心无厌，览物眷弥重。不惜去人远，但恨莫与同。孤游非情叹，赏废理谁通"（谢灵运《于南山往北山经湖中瞻眺》），就在一种写景悟理之中感受到"遗情舍尘物""一悟得所遣"的心灵"顿悟"，流露出对心灵和谐的理想人格的奢求与期盼。王维更是沿着禅宗的路标展现了"非凡非圣"的理想人格形象，"空山不见人，但闻人语响。返景入深林，复照青苔上"（王维《鹿柴》），虽然不见"人"，却在对"空"的描述中暗含了对无我之心、无我之境主体人格的诉求。因此，只要人以平常心面对自然与日常生活，在"世界法身中"的顿悟中就自然会寻得一种完美的心理人格，如王维笔下的"林叟""樵夫""渔夫""隐者"等，都可能是在"自性"中获得了心灵和谐的"智者"，是一群"非凡非圣"的完美人格形象典范。由此可见，禅宗美学的完美人格形象并不

---

① 钱穆. 中国文化史导论［M］. 北京：商务印书馆，1994：166.

是光辉显耀的"君子"与"圣人",亦不是自然洒脱的"真人"与"神人",而是一种平凡的普通人,是在平淡的日常生活中走向心灵超脱无束的"智者"。此外,心学美学对完美人格的建构在总体上遵循一种伦理与心性共在或异在的向度,将伦理道德的存弃内化为心灵的品质,从而在心灵和谐的完美人物形象中渗透出浓厚的道德或反道德踪迹。一方面,陆王心学以"身居万物中,心在万物上"(陈献章《随笔》)的主观臆断将国家伦理道德体系的重建寄希望于"心""良知""良心",在心灵的完善中建构一种新型的心理人格形象——"圣贤气象"来承担既有的社会主流意识形态;另一方面,以李贽、汤显祖、公安派等为代表的"异端之学"则以"绝假存真,最初一念之本心也"(李贽《童心说》)的战斗精神高扬了一种具有颠覆道统体系的心理人格形象——"有情者",于启蒙的光辉中产生了典范的社会效应和时代效应。心理生命美学对心理人格的建构是多方面的,禅宗美学、心学美学等都在自身的论域中预构了其关于完美人格形象的审美致思,在心灵层面表达了中国生命美学关于生命的理想诉求与现实建构。

二、审美人生的营造与建构

中国生命美学的理想旨趣不仅仅以完美人格为旨归,而是经由人格形象美走向人生境界美,这也正是中国美学的独特与深刻之处,"中国古代美学思想更多地强调人的修养,强调通过人的修养而实现审美的人生境界"[①]。也就是说,中国生命美学的思维指向历来都是清晰的,是在对人、人生的审美观照中实现自己有关生命的理想与价值取向的。

---

① 王建疆. 修养 境界 审美·儒道修养美学解读[M]. 北京:中国社会科学出版社,2003:2.

从整体来说，中国生命美学的三种基本形态营造了三种理想的审美人生境界："吾与点也""逍遥无待""自在圆成"。伦理生命美学将生命的审美化存在与发展纳入伦理纲常的建构，寄希望于在"君君、臣臣、父父、子子"的伦理纽带中使生命各安其位，最后进入一种"天伦之乐"的理想境界——"吾与点也"。伦理生命美学对伦理道德人格的张扬是要真正地达到"仁"，而"仁"的高度则必然指向一种相对自由的人生境界；相对于"可以有勇"而立业、"可以足民"而事君、"愿学焉"而自足，"吾与点也"当是摆脱"克己复礼"之后自由优游的状态，是一种顺应伦理纲常而不为其所累、所伤，"随心所欲不逾矩"的审美化人生境界。"鼓瑟希，铿尔，舍瑟而作，对曰：'异乎三子者之撰。'子曰：'何伤乎？亦各言其志也！'曰：'暮春者，春服既成，冠者五六人，童子六七人，浴乎沂，风乎舞雩，咏而归。'夫子喟然叹曰：'吾与点也。'"（《论语·先进》）可以看出，孔子的"吾与点也"乃是对伦理纲常的理想预期，是将人与人的伦理关系理想化、审美化的一种努力；而后，随着"大一统"社会形态的出现，"吾与点也"也成为体现人与社会和谐伦理关系的理想之境。汉代对人生境界的营造是极具伦理底蕴的，"经夫妇，成孝敬，厚人伦，美教化，移风俗"（《诗大序》）成为汉代士人的理想人生之境，虽然其与"吾与点也"的境界还有一定的出入，"发乎情，止乎礼"也对生命存在做了不少约束与规定；但是，这是社会形态及其价值体系理性化、制度化与人生社会化、合法化同构过程中矛盾张力的必然结果。从本质上来看，"吾与点也"仍旧作为一种完美的人生境界时常悬挂于汉代士人的头顶，而且其似乎在可遇又可求的现实中若隐若现，如汉赋中的人生雅趣、汉代士人玩赏与恢宏的人生旨趣等，都潜藏着对"随心所欲不逾矩"的完美伦理人生境界的理想诉求。唐及以后的朝代，由于生命存在被很好地整合到家国一体的社会形态中，这就使得人生境界呈现出主流价值形态的内在要求，即将"吾与点也"所蕴藏的伦理理想回归现实社会，将理想化的人与人的伦理关系完全转移到了理想化的人与社会的伦理关系中，使审美化的人生境界体现为一种人与社会有机统一、协调发展、共生共荣的理想情境。在唐代，无论是"黄沙百战穿金甲，不破楼兰终不还"（王昌龄《从军行》）的勇猛人生，还是"花间一壶酒，独酌无相亲"（李白《月下独酌》）的潇洒人生，抑或是"安得广厦千万间，大庇天下寒士俱欢颜"（杜甫《茅屋为秋风所破歌》）的悲苦人生，都在不同层面表达出唐代士人心系社会发展的伦理人生，是对"吾与点也"的完美人生境界的感性落实与形下实践。在宋明时期，文人士大夫更是在道德操守与内心修养中走向了一种淡雅、闲适的人生理想之境，如园林雅韵、品茶煮酒、琴棋书画等，都体现出宋明士人于特殊社会形态下刻意追求人与社会和谐的伦理人生境界。与唐代士人的人生境界相比，宋明士人更为经营与用心，其"不执"的人生观念所营造的人生境界与"吾与点也"的人生至境也更为契合，因为"古之君子，不必仕，不必不仕。必仕则忘其身，必不仕则忘其君"（苏轼《灵璧张氏园亭记》），而只有于社会伦理道德之内"随缘而安"，才能实现那种不违"随心所欲不逾矩"的理想人生境界。在作为中国古典美学集大成的清代，士人们对人生境界的建构则更加丰富与圆融，进取人生、道德人生、游侠人生、世俗人生、个性人生……一种包罗万象且兼具特色的多彩人生成为有清一代士人的理想人生追求，如王夫之、郑板桥、李渔、龚自珍等，他们在展现各自人生路径的同时，也在与"吾与点也"暗合与背离的张力中显现出伦理生命美学的理论限度与现实困境。总的来说，伦理生命美学理想的审美人生是一种"吾与点也"的境界；当然，随着伦理纲常的秩序化与制度化，"吾与点也"的人生至境也必须进行相应的调整，甚至在形而下层面来配合社会伦理秩序的建构；但是，作为一种理想预期，"吾与点也"始终都是伦理生命美学在审美人生理想上所能达到的最高境界。

自然生命美学将生命的审美化存在与发展纳入自然天道的系统，寄希望于万物在互助协调的情境中各尽其才，进而使生命达到自由无束的状态，实现一种"逍遥无待"的理想人生境界。自然生命美学有意斩断了伦理道德与人的现实纽带，其在人与自然的客观联系中主张以"道"来建构相互之间的和谐关系，从中显示一种理想的人生境界；然而以"道"来统观，就人生意蕴而言，则必然指向一种绝对自由的人生至境。庄子提出了"逍遥于天地之间而心意自得"（《庄子·让王》）的理想人生境界，并且在无目的、无约束的人生历程中体验到了"天乐"的审美感受。庄子的"鱼我之乐"就很好地诠释了其"逍遥无待"的理想人生境界，"鯈鱼出游从容，是鱼之乐也"（《庄子·秋水》）与"吾"知其乐而乐，二者实现了在共同环境下的一种共生共乐状态，并且预示出人若如水中之鱼怡然自得、逍遥自在，则能达到"逍遥无待"的美好人生境界。由此可见，"逍遥无待"的人生境界实际上是一种至高无上的精神自由境界，"追求'逍遥游'的人生就是追求精神自由的人生，这正是艺术的人生、审美的人生"[1]。庄子将完美的人生境界从精神层面进行了积极的开掘，这就使人生境界的建构具有了较浓的形上意蕴；"逍遥无待"所具有的自由、自适、自乐、自在等维度成了自然

---

[1] 王凯. 逍遥游——庄子美学的现代阐释[M]. 武汉：武汉大学出版社，2003：28.

生命美学关于生命理想的最高表征与期待。当然，"逍遥无待"的理想人生境界是美好的，但往往是难以企及的，后世关于人生境界的建构真正能够对其有所接近的当数魏晋士人。魏晋玄学美学突出了老、庄以来的"无"本体，"万物万形归于一也。何由致一？由于无也。由无乃一，一可谓无"（王弼《老子注·第四十二章》），并且将人生的本质抽象到形上的"无"，由此形成了对人生境界的虚空、幻化、深情、任性的认识与感受，"人生似幻化，终当归空无"（陶渊明《归园田居·其四》）。正因为对"无"本体的深信不疑，魏晋士人在人生境界的建构上采取了较为极端的方式——放浪形骸而任自由，用以追求一种精神上相对自由与满足的人生境界。为此，他们常常不拘礼数，"礼岂为我辈设也"（刘义庆《世说新语·任诞》），并且在衷于己心与性情的基础上演绎出许多惊世骇俗的人生往事：如好学驴鸣而以声送终的王粲，鹿车饮酒而高呼掘地以埋的刘伶，大瓮盛酒而与群猪共饮的阮咸，曲水流觞而畅叙幽情的兰亭雅士，寄人空宅而愿与竹为伴的王徽之，采菊东篱而心系南山的陶渊明……他们都在对"有"的贬低与放逐中获得了精神上的宽慰与自足，甚至在对"有"的超越中以一颗"玄心"参透了"逍遥无待"的理想人生境界，"目送归鸿，手挥五弦。俯仰自得，游心太玄"（嵇康《四言赠兄秀才公穆入军诗》）。当然，魏晋士人的理想人生境界与庄子的"逍遥无待"还是有所差别的，它不仅以现实的行为艺术方式（不是内心的行为方式）来表达人生，而且在无所留恋、无所拘束的人生行为中仍然流露出有所"执"的倾向，即对宇宙的虚幻空灵的深切感叹与个体苦难意识的痛彻心扉。因此，就生命理想而言，魏晋士人的人生境界还不是彻底的"逍遥无待"，而是以"逍遥"的行为方式有所待、有所求的。总的来说，"逍遥无待"是自然生命美学关于人生境界的理想建构，其在抛弃世俗伦理束缚之后将审美化的人生安置在和谐共生的自然生态中，体现了生命存在对"自由优游"的人生境界的美好愿望。

心理生命美学将生命的审美化存在与发展纳入心灵和谐的建构，希望心灵的力量让生命感知到世界的意义只在自身，进而进入自性的生命存在状态，从而形成一种"自在圆成"的理想人生境界。由于禅宗强调"不二法门"，破除了分别智，这就使其对生命的把握超越了现象与意识，而仅仅专注于生命的自在体验；为此，禅宗美学在生命身上发现的必然是一种绝对的美，或是一种"不二之美"，其所营造的理想人生应该是在由"青山自青山，白云自白云"的推演中见出的人生自人生式的"自在圆成"境界。在禅宗的众多公案中，处处都彰显着对"自在圆成"人生境界的向往，如"此夜一轮满，清光何处无"（《五灯会元·卷十六》），对"吾心似秋月，碧潭清皎洁"（寒山《寒山子诗集》）的质疑与追问。就人生理想境界而言，寒山以"秋月""碧潭"自比，在一种拟人化的想象空间中显现出唯美与浸透的人生之境；但是，就禅宗美学来说，这还不是完美的人生境界。寒山所依照的"似"的思维模式在本源上就注定了其必然落入世俗的窠臼，由"似"而发的"秋月"情、"碧潭"意显然不是一种"自在"的表现，而是经过理性的、逻辑的比附与推敲的结果；因此，无论是"吾心"，还是"秋月""碧潭"，在这种审美观照中都不再是一种"自决"状态与本真存在，而建立在它上面的人生境界也必然是有所限、有所隔的。在禅宗美学看来，真正完美的人生境界是在一种"圆觉"的模式下自彰自显；"秋月"自在自显，故"此夜一轮满，清光何处无"，一切"此在"都应当水到渠成，于无拘无束之中似落花流水一般常在，而人生境界也当如此自在剔透、圆满俱足。也就是说，禅宗美学关于生命的理想是建立在一种彻底的心灵觉悟基础上的，任其自由自在、圆满而成构成了禅宗美学完美人生境界的内在理路与核心旨趣。一方面，禅宗美学的完美人生设想是充满智慧与超脱的，作为诗佛的王维就以其诗作表现了这一理想的人生境界，如"人闲桂花落，夜静春山空。月出惊山鸟，时鸣春涧中"（王维《鸟鸣涧》），"行到水穷处，坐看云起时。偶然值林叟，谈笑无还期"（王维《终南别业》）等，这种"清逸的思理，淡远的境界，空花自落的圆成，在无声中，震撼着人的灵根"[1]。另一方面，禅宗美学人生境界的形成却是归于现实的，是在日常生活中修炼与顿悟的；为此，其虽然显得深奥难参而不宜达成，却是能够于生活中步步为营、逐步推进的，如禅门智者在伐柴担水、农耕捕鱼中"见佛成性"，成其完美人生境界。就心理层面而言，"自在圆成"的人生境界是心理生命美学对生命理想的最高期望，这无疑是禅宗美学对中国生命美学的独特贡献。当然，后来的心学美学也在心理层面表达了对理想人生境界的某些诉求，但在总体上显现出出入儒禅之间的倾向，在境界上显然没有达到"自在圆成"的高度与旨趣。

中国生命美学在自身的论域中建构了关于生命理想的三种人生境界："吾与点也""逍遥无待""自在圆成"，它们以一种体验式、感悟性、审美化的方式体现了生命存在关于未来发展态势的理想期望，彰显了中国生命美学对于生命存在与发展的独特言说理路和话语体系。

---

[1] 朱良志. 中国美学十五讲 [M]. 北京：北京大学出版社，2006：49.

第三节 终极关怀：生命自我实现与生命不朽

中国生命美学对生命的关注和把握是积极的，对人格和人生的建构是完善的，而且这种价值生发点与崇高理想的建构最终都一致地指向了关于生命的自我实现和不朽。也就是说，中国生命美学是有着浓厚的终极关怀的，正所谓"天地之大德曰生"（《易传》）、"天地之所贵曰生"（扬雄语），中国生命美学从来就没有让自己的视点偏离有关生命的形上言说，从"乾道变化，各正性命"（《易·乾·彖传》）出发，在宇宙苍生的"归本"过程中实现生命的自在和充盈，进而在"独与天地精神往来"（《庄子·天下》）和"万物与我为一"（《庄子·齐物论》）的博大情怀与深情向往中实现生命的不朽与永恒；中国生命美学就是在一种"无往不复"的"圜道"法则中彰显生命存在的最高意蕴的。

一、生命的自我实现

在终极关怀上，中国生命美学的几种形态都尤为注重生命的自我实现，倡导宇宙苍生在一种"去蔽"的状态下各安其命，实现生命的"此在"和充盈。当然，就生命自我实现的方式与路径而言，伦理生命美学、自然生命美学、心理生命美学还存在着一定的差异性，但是，他们对"万物各有成性存存，亦是生生不已之意，天只是以生为道"（《河南程氏遗书·卷二上》）的秉承却是相当执着的，对生命万物的体认与完善更是良苦用心的，并且在各自的论域中尽情地书写着有关生命终极情怀的历历赞歌。

关于生命的自我实现，中国伦理生命美学的言说是较为显性与外扬的，其具体表现可以从两个方面见出：一是关于个体的人或群体的自我实现；二是关于自然万物的自我实现。对于个体的人或群体的自我实现，伦理生命美学力图在伦理纲常秩序之内以血缘或泛血缘关系为基础来建构一种理想的生命存在状态与交往逻辑，要求个体的人或某一类群体"各安其命"与"各守其本"，也就是孔子所说的"迩之事父，远之事君，多识于鸟兽草木之名"（《论语·阳货》），并以此来为个体的人或群体的自我实现寻找到可以预期的基点。为此，我们可以看到，在中国古代关于生命的审美言说中，其处处都彰显着个体的人或群体在寻求自我实现的过程中所闪烁的人性光辉与美好情操。

孔子周游列国，在"礼崩乐坏"的时代却主张"克己复礼"，并且始终将自我生命的实现纳入伦理纲常秩序的"归复"之中；即使是在以"仁"补缺的理想图景中最终只能作为平治天下与乱世家国更替的见证人，乃至殉葬人，其依然能够"饭疏食，饮水，曲肱而枕之，乐亦在其中也。不义而富且贵，于我如浮云"（《论语·述而》）。在孔子看来，其言行表述都是依天而行的，他所要达到的境界也是一种圣人之境；而在这一境界中，生命的自我实现不应由外在的现世景象（乱世）来左右，而应该在心存"天下有道"的伦理秩序中获得一种"正名"，并在此前提下建功立业，为社会复原和正位，即所谓"名不正则言不顺，言不顺则事不成"（《论语·子路》）。孔子的这一生命自我实现方式与路径千百年来影响着一代又一代的文人志士，成为他们行事立言过程中所必须遵守的典范。

孔子所开拓的生命自我实现路径由后来的孟子、荀子等人发扬光大，并且在他们手中得到了进一步完善。一方面，孟子表达出个体的人或群体的自我实现在于稳定的大一统家国的建构，即个体的人或群体的生命价值往往体现在合乎伦理纲常秩序的家国体系的建构之中，如"仁之实，事亲是也；义之实，从兄是也；智之实，知斯二者弗去是也；礼之实，节文斯二者是也"（《孟子·离娄上》），"劳心者治人，劳力者治于人"（《孟子·滕文公上》）等，都力图在一种己、家、国同构的进程中彰显出生命的现实价值和意义。另一方面，孟子尤为注重个体的人或群体在实现大一统家国秩序过程中所应该表现出来的生命状态，即关于生命崇高状态下的一种生命自我实现方式；就像孟子所言，"人有恒言，皆曰，'天下国家。'天下之本在国，国之本在家，家之本在身"（《孟子·离娄上》），其具体体现为孟子关于生命人格的自我实现。孟子认为，生命自我实现方式对于任何个体而言都是平等且可以通达的，即使是由"充实而有光辉之谓大"到"大而化之之谓圣，圣而不可知之谓神"（《孟子·尽心下》）的生命最高实现方式，都可以在"立天下之正位，行天下之大道，得志与民由之，不得志独行其道。富贵不能淫，贫贱不能移，威武不能屈"（《孟子·滕文公下》）的人格操守下来完成，并且以此保证生命的充盈与完善状态。也就是说，在孟子关于个体的人或群体的自我实现路径中，"人人皆可为尧舜"，生命自我实现的最终方式就是在崇高的人格操守下由"大"及"圣"，再进入到"神"的境界，从而在生命自我实现与完善的过程中渗透出一种独有的浩然正气与凛冽之气。在个体的人或群体的生命自我实现上，荀子主张在差别化的基础上进行一种礼制化的和谐与规范，因为"贵贱有等，长幼有差，贫富轻重皆有称者也"（《荀子·礼论》）。只要通过适当的方式——"化性起伪"，用"礼"去规范不同阶层人们的性情，指引生命个体或群体按照自己的社会地位、等级秩序、长幼尊卑等来获取自己的欲求，并且使其能够在其中实现自我的价值，寻找到自己的归宿；那么，最终必然走向"性伪合，然后圣人之名一，天下之功于是就也"（《荀子·礼论》）的境地，而生命的自我实现也在封建等级秩序及其代表——家国一体的全面性、纯粹性、整合性（"不全不粹不足以为美"）的建构中得以适时的突显和张扬。可以说，相对于孔子，荀子更进一步、更彻底地将生命的自我实现方式熔铸在具有统帅性的"礼"中了；相对于孟子，荀子在坚守生命崇高状态的基础上，却毫不避讳生命的自然本性，将声、色、享、乐等毅然作为生命自我实现的某一方面，进而更加完善了生命的现实存在态势，为生命的自我实现开拓出了更为宽广的空间。

在伦理生命美学关于生命自我实现的言说中，屈原的贡献和意义尤为特殊。我们知道，自孔子肇始，在孟子身上就集中体现出伦理生命美学关于生命自我实现的一种无法调和的矛盾——乱世进取难成与人格操守难善。由于孔、孟乐忠于为盛世立法，且不为乱世避利害，加之周礼始崩，一切尚有"归复"之可能；为此，在生命自我实现的方式上，他们可以较为轻松地绕开"忠君"与"操守"之间原本存在的矛盾裂痕。可是，这一切却在战国时期屈原的身上发生了深刻改变，矛盾的突显与放大不仅让屈原无法平静与忘怀，而且最终促使其不得不以生命为代价来成就一种生命的自我实现。当然，这种生命自我实现的方式和路径是悲壮的，却又是必然的和美的，且足以彪炳千秋。一方面，屈原身怀强烈的爱国情怀与忠君意识，其已经将个体生命的自我实现深深地化入到对封建家长权威（楚王）的认同与维护之中，"入则与王图议国事，以出号令；出则接遇宾客，应对诸侯"（司马迁《史记·屈原贾生列传》）；即使楚王"怒而疏屈平"，屈原仍然抱有"世混浊而莫余知兮,吾方高驰而不顾"(屈原《涉江》)的气度,并且以"独立不迁"(屈原《橘颂》)的品格将个体生命的自我实现与封建家长权威的现实维护紧密相连。但是,屈原的这种坚持是极其悲痛的,在他众多关于生命的言说中,我们分明听到一个灵魂的哭泣,"揽茹蕙以掩涕兮,沾余襟之浪浪"(屈原《离骚》);而这恰恰是屈原坚持的人格操守与忠君意识相碰撞所产生的苦痛之于他的折磨与撕裂,其也体现出屈原个体生命自我实现的另一个向度——健全完美的人格操守。对于这样一种矛盾裂痕,屈原试图立足于"路漫漫其修远兮,吾将上下而求索"(屈原《离骚》)的探索决心与精神,寄希望于通过时空的拓展来寻求到一种能够为自我、为家国治愈的良方;然而,他的这条路却是一条不归路,其最终以结束生命的方式在一种近乎"殉道"的模式中成全了乱世进取与人格操守的相对统一,从而彻底完成了个体生命的自我实现。

伦理生命美学对个体的人或群体的自我实现的言说,经孔子、孟子、荀子、屈原等人的开掘,至大一统封建国家的建构,其在方式与路径上已经相对成熟与完善了,基本上都是在一种以血缘关系为纽带的伦理纲常中要求恪守本分,各安其分,将君君、臣臣、父父、子子的伦理秩序作为生命自我实现的"生生"法则,从而最终实现个体的生命或群体与家国的现实共进和长久稳定。秦汉时期,大一统的家国体系得以建立,生命也在这种时代氛围中孕育出一种张扬的生存态势与自我实现方式,"有席卷天下,包举宇内,囊括四海之意,并吞八荒之心"(贾谊《过秦论》)。生命个体或群体一方面将家国建构纳入天、地、人动态关联的时空视阈中,并表以"巨""大"的物象形态;另一方面,他们也将自我的生命植入到帝王胸怀,乃至宇宙胸怀之中,于伦理纲常之中见出生命自我实现的磅礴大气与巨丽雄美。也就是说,秦汉时期的生命自我实现方式是有两个维度的：一是以与宇宙世界相呼应和比照的生命意识，一个是对前面宇宙生命意识的世俗化、现实化和伦理化，即与大一统家国体系相关联和耦合的入世精神。隋唐时期，关于生命的美学言说也处处渗透出一种恢宏之气与进取态势，个体的人或群体往往将自我实现的方式纳入辉煌壮阔的国家体系的建构中，正所谓"万里不惜死，一朝得成功。画图麒麟阁，入朝明光宫"（高适《塞下曲》）、"黄沙百战穿金甲，不破楼兰终不还"（王昌龄《从军行》）的生命自我实现方式比比皆是。相对于秦汉时期生命自我实现相对空虚的方式和路径，隋唐时期，尤其是盛唐以后，生命自我实现的方式和路径则更为现实与生活化。这一时期的生命个体或群体不再一味地强调宇宙的空灵与大化，以及生命的超越感受，而是将生命自我更加具体地落实到强盛家国的现实建构上来，在一种进取、忠勇、雄壮、热情、奔放的时代精神感召下及时报国、建功立业，进而于伦理纲常的遵守和张扬之中实现生命的全部价值和意义。在宋明时期，伦理生命美学视阈中生命的自我实现方式在遵循伦理纲常秩序的同时，也体现出一定的变化与发展。虽然宋明仍然是一个继唐代以后的大一统局面，但是，宋代"兴文教、抑武事"的治国之策，以及明代的"皇权"与"道统"相结合的"天命"观，都在一定程度上促使个体的生命或群体的自我实现方式更加趋向一种内敛与回收。我们可以清楚地看到，宋代的个体生命或群体往往于建功立业的宏大视野之外，抱有一种洒脱、清闲、赏玩的心态，而这正好体现出远离"武事"后生命的一种独特的自我实现方式——寻求生命的艺术化，"太平日久，人物繁华。吊鬐之童，但习鼓舞，须白之老，不识干戈，时节相次，各有观赏"（孟元老《东京梦华录》）。在宋代，人们不再一味地畅谈国事；在"与士大夫治天下"和北面强悍民族政权威胁的惊喜与无奈之中,一种缠绵悱恻的情怀孕育而生,并且使人们将这种心境自然而然地投射到同样具有这一特色的山水、园林、顽石、书画、品茶等物象与行为中去了。也就是说,宋代生命的自我实现方式,不仅体现在因为强大中央集权国家的建立而寻求"大治"的伦理纲常操守之中,更加体现在因为无法抵抗外辱而在感官世界中积极寻求一种审美化、艺术化生命存在状态的雅致情趣之中,即"君子可以寓意于物,……寓意于物,虽微物足以为乐"(苏轼《宝绘堂记》)。同样是一种较为内敛的生命自我实现方式,明代的个体生命或群体却并没有寻求自我实现所可以凭借的一种外化(物化)形态,而是将生命的自我实现方式安放在强大的理性世界,以一种"内圣"的方式彰显出生命的崇高生存态势与完美实现路径。在明代前中期,人们大多尊崇"天理",蔑视"人欲","减得一分人欲,便复得一分天理"(王明阳《传习录》)。他们以为,经过一番道德的洗礼和匡正就会无限接近"圣人",并且力图将"成圣"作为生命自我实现的最好方式与归宿,在"寻孔颜乐处"与达"至诚则性尽"的道德形而上学的基点上完成生命的造化;就像他们所秉承的:"道通天地有形外,思入风云变态中。富贵不淫贫贱乐,男儿到此是豪雄"(程颢《秋日偶成》)。清代,由于统治者一切"仿古制行之",并俨然以正统观念,尤其是长期占据主导地位的儒家观念的继承者自居,伦理纲常的操守仍然成为社会个体和群体所奉行的"金科玉律",从而促使个体生命或群体重新燃起了对大一统家国体系建构的热情与信心,人们也纷纷将自我价值的实现编织与播撒到繁盛的家国中去,并且将其作为一种肃然起敬的事业而为之不懈奋斗,"是以君子安生安死,于气之屈伸无所施其作为,俟命而已矣"(王夫之《张子正蒙注·太和篇》)。当然,清代生命的自我实现方式的

"勇儒"路径并不是对传统的纯粹归复,其在视野上更为开阔,在延续性上也更为灵活。作为对以往"传统"进行某种综合、化合的清代社会,生存于其中的生命也以一种较为圆融的态势彰显着中国古代个体生命或群体在自我实现方式和路径上的最后辉煌。

对于自然万物的自我实现,中国伦理生命美学习惯以"民胞物与"的胸怀去体察万物,"从本体的整体意识出发,中国人把自然看成是有生命的运动的整体,人可以与之沟通。"① 主张合理地安排自然万物的秩序,最终实现自然万物与人类的和谐共生。孔子主张"泛爱众,而亲仁"(《弟子规》),要求生命以"仁"的姿态建构出一种和谐的伦理阶层和秩序。孔子所追求的这种生命自我实现方式,不仅是针对个体生命和群体而言的,更是指向了世间万物,其"子钓而不纲,弋不射宿"(《论语·述而》)即体现出惜生、重生、爱生的仁爱情怀,若换一个角度,即是孔子在为自然万物的自我实现立法——将一切事物纳入"仁"的范畴,使其生命得到自然繁衍和绽放。此外,孔子所言"天何言哉?四时行焉,百物生焉,天何言哉"(《论语·阳货》),也是强调自然万物各有其位,主张将自然万物以本然的方式定格于宇宙之间,且与人类相比照和共处,从而形成一种有序的伦理结构秩序。孟子进一步传承和发展了孔子有关自然万物自我实现方式看法,主张"取物有节",在"君子之于物也,爱之而弗仁;于民也,仁之而弗亲;亲亲而仁民,仁民而爱物"(《孟子·尽心上》)的道德高标下为自然万物的自我实现创造条件。与孔子相似,孟子认为,自然万物的自我实现同样是以与人类的和谐相统一的,是一种各安其分基础上的伦理和谐。由孔、孟开创的

---

① 成中英. 中国文化的现代化与世界化 [M]. 北京:中国和平出版社,1982:115.

有关自然万物自我实现的路径,归根结底是一种需要依赖人类的"内在超越"与"推己及人"来实现的可行方式,"是一种扩展、提升和不断突破自我限制,最后达到自我完善"① 的理想生命境地。以后,随着儒家思想的根深蒂固,孔、孟关于自然万物自我实现的路径也得到很好的继承,其中最为显著的就是"民胞物与"观念的生发和彰显。"民,吾同胞;物,吾与也"(张载《西铭》),在这个宇宙大家庭里,一切他人都是自己的兄弟,一切事物都是自己的同伴;中国古代文人志士尤为注重"大心体物",力图通过"德性所知"的内在转化来提升自身的道德境界,从而以一种更为博大的胸襟去体验"无孤立之理"的万物,并试图将其与自我熔铸在浩瀚一体的宇宙之中,以求达到自然万物与人类的双重自我实现。我们看到,在中国伦理生命美学的视阈中,类似陶渊明"质性自然,非矫励所得"(陶渊明《〈归去来兮辞〉序》)的自然情怀、杜甫的"不敢忘本,不敢违仁"(杜甫《祭远祖当阳君文》)的精神操守、苏轼的"自其不变而观之,则物与我皆无尽也"(苏轼《前赤壁赋》)的胸襟气度、朱熹的"万物各得其性命以自全"(朱熹《周易本义》)的生命意识……可谓比比皆是;显然,正是这样一种"推己及人"式的有关自然万物自我实现的路径,构成了伦理生命美学关于生命自我实现的另外一种言说方式。

总的来说,关于生命的自我实现,中国伦理生命美学站在生命之内来体证宇宙万物之生命本源,并据此去追寻生命个体或群体、自然万物在宇宙中的地位和名分,重视生命的价值和意义,从而在审视生命对天地万物的伦理义务和道德责任的过程中建构起一种和谐的生存发展模式。

---

① 陆自荣. 儒家和谐合理性[M]. 北京:中国社会科学出版社,2007:121.

相对于伦理生命美学关于生命自我实现较为形下、现实、世俗化的言说,自然生命美学则显得更为形上、理想和超脱,其往往将生命万物纳入自然天道之中,以"道可道,非常道;名可名,非常名"(《道德经·第一章》)的理性思考,超越现世束缚,在"万物并作,吾以观其复"(《道德经·第十六章》)的宏大视野中赋予生命应有的地位和意义,达到道观基点上的"通天下一气"与"物无贵贱"(《庄子·秋水》),生命存在也最终在这一过程中完成自我超越和现实体现。老子认为"万物负阴而抱阳"(《道德经·第四十二章》),天地万物的生成和变化都是自然而然的,都有其存在和发展的客观规律和道理,主张在"天地不仁,以万物为刍狗"(《道德经·第五章》)的自然法则下赋予生命应有的地位和意义,从而使生命存在在一种"道"的统观下实现平等相惜和超然洒脱。庄子同样强调以道观万物,以一种"无贵贱"的心胸面对各种生命存在,将"鱼游之乐"所展现的生命存在方式作为万物自我实现的有效方式,并寄希望于以此打通"我"与宇宙的界限,会通宇宙以为一,在生命其乐融融的氛围中达到一种和谐的生存境地。我们看到,伦理生命美学关于生命自我实现的言说虽然同样强调"泛爱万物",但其终究只是在一种伦理血缘关系纽带中体恤生命,人类与其他自然万物在本质上是分离的,即"不然吾自吾,竹亦自竹耳。虽日与竹居,终然邈千里。"(文徵明《〈听玉图〉题诗》)在这种前提下,自然万物的自我实现还主要是以人类的自我实现为楷模,是人类自我实现方式的某种延续和扩展。与此不同的是,自然生命美学一开始就秉承"天地与我并生,而万物与我为一"(《庄子·齐物论》)的理念,反对儒墨所谓的礼乐仁义与伦理社会,认为"今世殊死者相枕也,桁杨者相推也,刑戮者相望也,而儒墨乃始离跂攘臂乎桎梏之间"(《庄子·在宥》），其往往伤害了生命的本性与原初特质，更无从谈及生命的自我实现。为此，自然生命美学强调人并不在世界之外，以为自然万物也是一种"在"者和"观"者，力图在一种"与物有宜"和"物与吾通"的无限时空中实现物我相生、"保身全性"与生命的自在充盈。可以说，老、庄关于生命自我实现的言说是较为超脱的，其真正是以一种自由、平和、平等的心态去俯视万物，并能够在超越一种主客二分的模式中确实感受到各种山林之意、云水之想和鸟兽之乐；这是一种对生命存在的细细倾听，是一种对生命理想态势的喃喃呼告，是一种对生命自我实现方式的苦苦经营。

　　老、庄所开拓的这种生命自我实现方式为后世所继承与衍化；玄学的兴盛，使自然生命美学关于生命自我实现的言说尤为引人关注。由于特殊的政治语境与社会现实，魏晋南北朝时期的玄学关于生命自我实现的言说较为显性与张扬；当然，这种言说方式不同于伦理生命美学较为形下世俗层面的方式建构，而是一种基于宇宙生命基点上的形上超越层面的建构。面对动荡的社会现实，生命的"有"的有限性与局限性被放大和突显出来了；生命短暂易逝，去日苦难尤多，再加上时刻面临着杀戮和残害的威胁，生命存在实际上处于一种极不自由与和谐的状态。也就是说，残酷的社会现实，以及道德体系的弱化，使人们很难再将生命的自我实现方式安放在以伦理纲常为基础的世俗社会，而是积极寻求生命无限存在与永恒在场的可能，这就是有关生命的"无"的验证和寻求。为此，就具体的生命自我实现方式而言，早期的玄学家们坚决摒弃各种名教礼法，将这些所谓的"有"从生命存在上彻底剔除，"越名教而任自然"（嵇康《释私论》），力图恢复生命的本真与应有地位。当然，在回归生命本真的方式上，玄学家们还存在着一定的差异；但是，在关于生命自我实现的方式上,他们却往往殊途同归,即在生命幻化的苦痛中寻觅生命存在的形上意蕴。玄学对生命个体或群体自我实现的建构是较为明显的,这是残酷社会现实之于生命伤害背景下的必然趋势;而其关于自然万物自我实现方式的诉说同样值得关注。在玄学家们心中,自然万物与人心心相惜,二者可以相互比附和会通;为此,他们常常将自然万物的自我实现纳入自我生命实现的路径上来,用一种"一往有深情"(刘义庆《世说新语·任诞》)的深切体验悲悯万物,并且以物证生,在物我相互比附的过程中彰显各自的形上意蕴;如卫玠渡江而"形神惨悴"(刘义庆《世说新语·言语》),王子敬见山川而"难为怀"(刘义庆《世说新语·言语》),桓公北征而"泫然流泪"(刘义庆《世说新语·言语》),都在一种虚灵化、超脱性的主体性思维中体现出对各种生命存在的珍贵意识与无限渴求。

  总的来说,中国自然生命美学尤为重视生命的形上意蕴,其站在生命之外来体恤宇宙苍生之生命本源与存在态势,以超越化的方式打破了物我相分的观照模式,在"持无以生"(何晏《道论》)的道观视阈下寻求生命存在的终极意义与形上表征,并由此建构起了有关生命自我实现的另外一种方式和路径。

  关于生命自我实现的方式,中国心理生命美学同样在自身的视阈中展开了自己的言说。与伦理生命美学、自然生命美学所不同的是,心理生命美学将生命自我实现的方式既没有安放在伦理纲常之中,也没有将其安放在自然宇宙之中,而是将其融入生命体自身——自我心灵之中,将心灵的澄净、无尘、空无等作为生命自我实现的唯一方式和路径,从而使生命存在在一种形上超越与涅槃过程中实现"成佛成性"的"无我"境地。在佛学之前,老、庄就有诸多在心理层面有关生命自我实现的言说，诸如"涤除""心斋""坐忘"等范畴，皆可以算作中国心理生命美学有关生命自我实现的有效言说方式；当然，真正支撑起心理生命美学对生命自我实现言说的，主要是古代佛学思潮及其美学表征。佛学美学对生命的关注采取了一种较为迂回的方式，即剥去生命的现实形态而直指心性，并且建构出一种有关"佛"的理想人格形象；但是，佛学美学的这种价值定位与生命理想最终是要走向一种生命终极关怀的。这里，我们将谈到佛学美学（主要是禅宗美学）对生命终极关怀的第一个层次——生命的自我实现。在禅宗美学看来，生命是一种"轮回"效应，除去对肉体的执着，生命存在依然能够通过"悟"与"参"的方式在因果循环之中获得无上的"智慧"。对于生命的这种自我实现方式，禅宗美学主张立足于"心"的空与静来具体实现，"一切般若智，皆从自性而生"（《六祖坛经·般若品》）；在禅宗美学看来，不清静之心断不是佛心，既然不是佛心，又如何"莫使有尘埃"？生命存在也自然无法"顿悟"，亦难以如"佛"般的自我实现。为此，禅宗美学为生命的自我实现预设了一种可行、可达、可成的修行方式——平常心即是道，其意味就在于"平常心与道的互渗互补，浑然一体，不知何者为道、何者为平常心这样一种合一的境界"[①] 的生成，生命存在也于这种境界之中充满生机，并且充盈自在，直至获得某种自我实现。也就是说，关于生命的自我实现，禅宗美学不是立足于生命所担负的伦理道德责任和义务，也不是执着于生命所保有的原初本源及其博大胸襟；而是主要根植于生命所现实生存的客观世界，及其日常生活行动之中，是对生命内在心灵"空无"化的一种参透后的生命"觉悟"。因

[①] 张法. 中国美学史[M]. 上海：上海人民出版社，2000：145.

此，我们看到，禅宗美学视阈中的生命存在并无积极入世的"勇儒"情怀，亦无俯仰宇宙苍生的"无极"视阈，有的只是坐卧寒宿、穿衣吃饭、步行途说的常人情态；显然，禅宗美学为所有生命存在都预设了一种自我实现的方式，这种方式不是凭靠简单的"入世"与"出世"来实现的，而是于平常的日常生活中倚仗生命之"心"去"了悟玄机"和"明心见性"的，是生命存在的一种内在化实现。禅宗美学在对生命自我实现的要求上是主张不执的，而在生命自我实现方式的选择上与涵盖性上却是较为执着和用心的，而正是这种执着和用心鲜明地彰显出中国心理生命美学之于生命终极意义的审视和探寻。

此外，中国心理生命美学关于生命自我实现的言说，我们还需要提到我国古代的理学、心学美学。纵观中国的思想发展史，宋元明时期的诸多理学、心学大家大都深受佛学（尤其是禅宗）的影响，朱熹倡导"而一旦豁然贯通焉"（朱熹《大学补传》）的顿悟说，陆九渊直言"吾心即是宇宙"（陆九渊《杂说》，《陆九渊集·卷三十六》），王守仁却讲"夫万事万物之理不外于吾心"（王阳明《传习录·答顾东桥书》），都打下了深刻的佛学印记。从本质上讲，就关于生命自我实现的方式而言，理学、心学美学也十分注重"内在之维"的超越和提升向度，力图通过穷理和求良知，即向内看的途径来为生命的自我实现寻求各种可行路径。显然，这种方式也比较倚仗于心理的维度，如"大其心则能体天下之物"（张载《正蒙·大心篇》）、"心之体甚大，若能尽我之心，便与天同"（陆九渊《语录》，《陆九渊集·卷三十五》）就是强调要"尽心"，以一种内在超越性去把握世界，格物致知，体悟天道命运，进而在这一过程中达到生命的自我实现。当然，理学、心学美学关于生命自我实现的方式还留有一定的伦理道德印痕，在心理超脱上也不如禅宗美学彻底，但其仍然以一种儒道佛多种思想融合的方式在心理维度上关注生命的自我实现，积极寻求生命的终极意义。

综上所述，关于生命自我实现的言说，中国生命美学预设了三种方式，即担负伦理道德责任的伦理生命实现，保有本真原初意义的自然生命实现，以及超越具体形体的心理生命实现，三种方式交叉共生，构成了中国生命美学关于生命终极意义的第一层次的言说。

二、生命的不朽与永恒

上面我们提到，重视生命存在态势，使生命各归其位，最终达到生命的自我实现，这是中国生命美学在自身论域中对生命终极意义的第一层次的言说；除此之外，中国生命美学还把生命的不朽与永恒作为其终极意义的最终归宿，从而在一个更高层面展现出自身的生命情怀与形上意蕴。

自诞生之日起，中国伦理生命美学就十分重视生命及其价值问题。由于伦理生命美学是要以伦理纲常为纽带来审视和体恤生命存在的，为此，其往往将关注的重心放在人伦社会的建构上，而自然万物的存在与发展也只有被有效地纳入伦理纲常之中，才会得到自我彰显和实现。也就是说，从对生命个体或群体的关照之中，我们能够窥见伦理生命美学关于整个宇宙生命的预构。我们知道，在终极意义的第一个层面上，伦理生命美学将生命所担负的伦理道德和责任义务作为自我实现的内在要求，寻求生命存在的一种伦理和谐情境；事实上，这还不是生命终极意义的全部奥义，伦理生命美学还追求生命的不朽与永恒。为此，在具体实践道路上，伦理生命美学设有"三不朽"之说，所谓"'大上有立德，其次有立功，其次有立言'，虽久不废，此之谓三不朽。"（《左传·襄公二十四年》）在伦理生命美学看来，生命存在可以通过三种方式实现"不朽"，即"立德""立功""立言"。当然，从表面上看，伦理生命美学关于生命终极意义的此种言说似乎是在寻求生命的一种凡世价值，是一种在世的"不朽"；其实，问题远远没有这么简单，伦理生命美学是将伦理纲常作为永恒不变的生命法则来进行操守的，是将伦理道德看作"与天齐寿"的精神高标，是将这种高标的遵循行为当作是"立天下之正位，行天下之大道"（《孟子·滕文公下》）。也就是说，伦理生命美学关于生命价值的"三不朽"法则实际上孕育了浓厚的终极意蕴，它关乎的不仅是生命的在世，也指向了生命的永恒；况且，"三不朽"的生命法则还有一种"向后看"的意味，即追求某种身后不朽之名，如"君子疾没世而名不称焉"（《论语·卫灵公》）、"老冉冉其将至兮，恐修名之不立"（屈原《离骚》）的生命感慨比比皆是。在伦理生命美学视阈中，"立德"即"谓创制垂法，博施济众"（孔颖达《春秋左传正义》），就是将生命的终极意义上升到为家国建制的高度，并在此过程中实现生命存在的彪炳千秋和永恒不朽，这是生命不朽的最高境界。后来，"立德"又衍化为对伦理道德的内在操守，生命存在也在这一现实路径上处处闪烁出夺目的光辉，如孔子厄运而不改初衷、屈原被逐而不悔恨、司马迁遭刑而愈坚、杜甫忧国忧民而不弃、岳飞精忠报国而不退缩、文天祥视死如归而不畏惧……生命存在正是在这样一种伦理道德操守过程中实现了不朽与永恒。"立功"即"谓拯厄除难，功济于时"（孔颖达《春秋左传正义》），就是将生命的终极意义安放在事功业绩之中，在一种积极进取的伦理生命运动中彰显出生命的永恒；简单地说，就是在追求建功立业的基础上实现生命的永恒价值意义。翻开我国的古代史，一股积极向上、朝气蓬勃的气息扑面而来，那是铁骨男儿的拳拳赤诚,那是金戈铁马的气吞山河,那是醉卧沙场的豪放洒脱,那是至死不渝的青史丹心……可以说,伦理生命美学以伦理纲常为纽带的泛血缘关系体系的建构,使生命存在凝聚成了一种强大的"精神团契",并且促使生命存在为其积极寻找"共同体"来作为支撑;而个体生命或群体也能够在对这一"精神团契"的执着和操守中实现青史留名与长远流传。"立言"即"谓言得其要,理足可传"(孔颖达《春秋左传正义》),就是要求生命存在能够著书立说,传于后世,这实际上是以有限的生命形式实现生命无限的价值与意蕴。在古代,文人志士往往热衷于著书立说,所谓"摛锐藻以立言,辞炳蔚而清允者,文人也"(葛洪《抱朴子·行品》)。为此,我们才看到中华文明的光辉灿烂,各种古典文章诗词戏曲小说等,都在中国文学史,乃至世界文学史上熠熠闪光;而渗透其中且代代相传的还有那永恒不朽的生命精神和生命足迹。

总的来说,中国伦理生命美学并不仅仅把现实生命对伦理道德的遵循和操守作为自我实现的有效方式,而且还立足于将有限的生命存在放置于形上的精神道德之中,从而在伦理道德长河中彰显出无限的生命意蕴,即使生命存在恰似"逝者如斯夫!不舍昼夜"(《论语·子罕》)一般短暂,生命的那种终极形上意蕴也能于伦理中见出,于道德中闪烁,于精神中永存。

中国自然生命美学关于生命的言说本来就具有较为浓厚的形上意蕴,对生命终极意蕴的探寻一直就是其题中之义。自然生命美学将生命存在放置于自然天道之中,以为"万物莫不尊道而贵德"(《道德经·第五十一章》),进而以自然天道来为宇宙万物安身立命,并且将对天道的遵循与体悟作为生命自我实现的有效方式。实际上,自然生命美学跨越了伦理生命美学所预设的伦理道德高标，以及生命自我实现的现实路径，而直接将生命存在熔铸到宇宙本体的建构中，使生命存在在终极意义旨归上彻底走向了不朽与永恒。在自然生命美学看来，"道"生天地万物，"道"是宇宙本体；但是，"道"又是不可明言和把握的，而最为重要的是，"道"亦是永恒的；作为"道"的体悟者——生命存在也只有秉承"道"，即在由生命、地、天、道四位一体的逐层效法中才能最终实现自我的终极价值。自然生命美学认为，生命存在所要达到的最高境界不仅仅是对自然天道的体悟与遵循，亦不是留恋自然如"采菊东篱下，悠然见南山"（陶渊明《饮酒·其五》）般的自适自得，而是要无关生命形体而依然能够实现"独与天地精神往来"（《庄子·天下》）。在早期自然生命美学中，生命存在是分为形、神二体的，"形"是可变、可灭的，而"神"却是不伤、不灭的，"且彼有骇形而无损心，有旦宅而无情死"（《庄子·大宗师》）。在这里，自然生命美学实际上为生命存在的超越向度预留了一种可以凭借的路径，即将生于"道"的"神"作为生命走向至高境界的必然选择与依托。也就是说，自然生命美学关于生命终极意义的深层建构，是主要立足于生命精神的不朽与永恒，是从生命的内在超越性维度出发去探寻生命的永恒自由。为此，我们认为，自然生命美学视阈中生命存在的价值意义，从根本上说应该是一种"与天和者，谓之天乐"（《庄子·天道》），其所要达到的境界是"其生也天行，其死也物化。静而与阴同德，动而与阳同波。……言以虚静推于天地，通于万物"（《庄子·天道》）。走入自然生命美学的殿堂，那里不仅有智者慧心的微笑与冷静的深思，亦有睿者敏捷的思绪与悲悯的关爱，还有若愚者洒脱的自由与无尽的逍遥，而他们显然是一群大彻大悟后的自由生命，他们的行为方式则是对生命存在永恒与不朽的开启和确证。当然，随着中国古代社会理性思维的进一步发展，早期自然生命美学中的神秘主义、唯"神"论色彩逐步淡化，其有关生命终极意义的建构也出现了一定程度上的微调，即由早期的"神"与"道"游转化为强调宇宙时空中的生命"在场"意识，寻求生命存在的一种时空超越性和无限拓展性。魏晋南北朝时期，自然生命美学在生命终极意义的言说方式上就鲜明地体现出这一转变。一方面，宇宙本空，一切皆空，现实的生命存在稍纵即逝，这是这一时期自然生命美学对于生命的基本看法；另一方面，现世幻化，时空永恒，只有在虚灵的宇宙中与时空共在的生命存在才能够得以延续，自然生命美学又在自身的论域中展开了对生命永恒和无限的不懈追求。我们看到，无论是热衷于生命存在的神、气、情等体态的形上审视，还是立足于对生命存在情境的一种诗意化建构，抑或执着于对生命存在的超越性幻想，这一时期的自然生命美学都是在试图寻找到有限生命形式如何嵌入无限时空链条中的有效途径，从而超脱苦痛短暂的现世生命，实现生命的不朽与永恒。

总的来说，中国自然生命美学并没有把对生命终极意义的建构路径寄托于现世社会，更没有将其安放在伦理纲常之中，而是以一种超越性思维将生命存在与天道自然、宇宙时空相关联和依附，于巍巍大道和浩瀚沧海之中彰显出生命的不朽奇迹。

在中国生命美学的几种基本形态之中，心理生命美学关于生命终极意义的言说最具形上意蕴。从整体上说，心理生命美学将生命精神作为生命存在的最高奥义，力图超越人世间的种种假象，以涅槃式的超验精神世界或圣贤气象式的形象世界为心灵营造一个自由驰骋的空间，从而最终实现生命的不朽和永恒。在中国心理生命美学中，禅宗美学往往站在人生世俗世界之外，以一种不染的心境遥望彼岸世界，并且试图将生命的心灵引渡过去，为生命的生存和发展寻找到一片皈依的净土。首先，禅宗美学认为"至虚无生者"（肇法师《不真空论》），即以无限的、抽象的形上本体的探寻为意义旨归；也就是说，对于生命的言说，禅宗美学无疑是追求生命的终极形上意蕴的。其次，禅宗美学认为万事皆空，只有本性（心）长存且能够入佛性，"无上菩提须得眼下识自本心，见自本性，不生不灭，于一切时中念念自见，万法无滞，一真一切真，万境自如如，如如之心即是真实"（《六祖坛经·行由品》）。在此，禅宗美学排斥了生命的具体存在形态，将"心"作为不生不灭的佛性本源加以高扬，寄希望于以此展开其关于生命终极意义的言说。再次，禅宗美学也如同整个佛学一样，注重形散神不灭和转世轮回说；其认为生命形体在灭亡之后将会进入到"轮回六趣"，而这种"三界"循环所凭借的显然是生命的精神存在，是有意识地在心灵维度为生命的永久存在寻找到合适的路径。可以说，禅宗美学虽然将佛性融入世俗日常生活与平常人之中，但是，其还是尤为注重在形上层面为生命的终极意义——生命的不朽和永恒预留一片净土。从整个佛学发展历史来看，其往往主张有一个精神本体存在（禅宗似乎除外，但是其"立处即真"的思维方式仍然需要一个意义的世界作为先导。），如本无宗"谓无在万化之前，空为众形之始"（吉藏《中论疏·因缘品》）的"空无"说，就强调有一个超言绝象的精神本体存在，并且认为这种存在才是自足和圆满的，生命的最高奥义显然就在于永驻精神本体之中。当然，佛学虽然力图打破现象本体的二元结构，还存在意义于世界本身；但是，其在大多数时候并没有超越有无二分的思维定式，还是习惯于在心灵维度创造一个生命可以永在的超越世界。此外，我们还需要关注的是宋明时期的理学、心学，从形上意蕴上说，理学、心学没有佛学那样的"去有无""弃判断""任圆成"的超越向度，亦没有有关生命精神的超验建构，而是更多地融会了儒佛两家思想，将生命的最高意蕴放置于对"气""理""心"之中，从而让生命存在在对"圣贤气象"或"宇宙气象"的跟随或操守中实现自身的永恒价值。在宋明时期的理学、心学看来，"气象"是一个非常独特的东西，它是需要生命存在去"养"而不是靠求知才能获得的；也就是说，"气象"不是一种实在的存在体，其更多的是一种生命存在状态，是生命存在的一种精神境界和理想态势，"仲尼：天地也；颜子：和风庆云也；孟子：泰山岩岩之气象也"（《二程遗书》卷五）。因此，在关于生命终极意义方面，宋明时期的理学、心学同样为生命存在设置了一种形上境界——"气象"生命，是追求生命心灵的"云淡风轻"，以及生命精神的源远流长与万世普照。

总的来说，中国心理生命美学将生命的终极意义放置于心灵之维，以心灵的剔透无痕、不灭常在，以及生命精神的流长婉转来表征生命的不朽和永恒，从而在形上层面开启了有关生命存在及其发展态势的另外一种言说方式。

综上所述，关于生命的审美言说，中国生命美学的各种形态向来就立足于在形上层面为生命的存在和发展建构一套较为完善的模式，而追求生命的永恒和不朽显然是这一模式的最高要求。对生命种终极意义的现实关注与不懈追求，彰显出中国生命美学浓厚的生命悲悯意识和博大情怀。

第四章

中国生命美学的艺术精神

中国生命美学是对生命存在及其发展的审美观照，其强调对生命的形上建构与审美体验；就生命自由与自觉的审美化存在及其艺术表现而言，中国生命美学也因此与艺术精神相关联。也就是说，中国生命美学注重以其生命理想与价值取向对艺术进行渗透与影响，而中国艺术精神也秉承与彰显了中国生命美学的内在意蕴，二者存在着某种同构对应的内在关系。"如果我们把艺术看成是调节人类和现实世界之间一种特殊的心理平衡方式，那么，艺术精神的演进过程即是从形式走向结构的建构过程。"[①] 显然，立足于生命的言说，追求生命和谐的中国生命美学对艺术精神的建构贡献巨大：天人融合与灵性透悟的艺术心态、生命写真与神韵传达的艺术表现、情思的诗化与艺境的创造，三者共同构成了中国生命美学的艺术精神。

---

① 黄河涛. 禅与中国艺术精神的嬗变 [M]. 北京：中国言实出版社，2006：2.

第一节 艺术心态：天人的融合与灵性的透悟

中国生命美学的艺术精神首先表现为艺术主体的心态，是在一种生态与共的情境下展现了艺术主体和谐与通透的文化心理境界。中国生命美学是以生命与社会、与自然、与心灵的和谐为核心来建构生命的理想化存在方式，而且主张在形上层面于自然无执中走向完美的人生境界；而其这一美学言说路径落脚于生命本身，则必然体现为天人融合的大和谐理念与灵性透悟的体验型思维方式的现实生成。总体而言，天人融合与灵性透悟在艺术心态层面体现了中国生命美学的基本艺术精神。

一、天人融合的艺术心态

天人融合的艺术心态是指生命美学视阈中的艺术主体在天人和谐一体的关系纽带中所表现出来的创作动机与心理倾向，即以天人融汇化合为出发点的主体心态。我们知道，中国生命美学的生命言说主要是基于人、自然、社会、心灵四位一体的和谐关系，这种四位一体的内在结构大多数时候往往又被简化为天人关系。"天"在早期虽然作为自然总规律的代表，是自然与神性的统一；但是在更多的时候，"天"是作为"人"之外的世界而存在着，其统摄了自然、社会、心灵等异于生命现实存在的一切"他者"。为此，天人关系也就基本上涵盖了人所处的意义世界，二者之间相互感应与交流所形成的意义图式在总体上体现了生命美学的边界意识和意义论域。从生命存在的审美化、理想化态势出发，中国生命美学主张天人合一的发展理念，将"人"（生命）融合到

"天"中，在"人"与"天"的比附、交流、转换中形成了一种天态化的生命发展趋势。中国生命美学对生命存在的设定与规化，在一定程度上实质体现了艺术主体的特征，这种同构关系使中国生命美学视阈中的生命主体走向艺术主体成为可能——天人合一的生命存在与发展态势内化为艺术主体的天人融合的创作心态。

天人融合作为一种艺术心态，在表现形态上是以"和"的面目出现的；艺术主体是在一种"和"的心理状态与艺术胸襟下来开始进行艺术创作的。何谓"和"？"和如羹焉，水火醯醢盐梅以烹鱼肉，燀之以薪，宰夫和之，齐之以味，济其不及，以泄其过"（《左传·昭公二十年》）。这只是一般意义上的"和"，是一种原初的杂糅状态；而"神人以和"（在某种程度上讲，"神"也代指"天"）才是最早在艺术层面体现天人融合的艺术心态的；如"诗言志，歌咏言，声依永，律和声。八音克谐，无相夺伦，神人以和"（《尚书·虞书·舜典》）。它不仅明确了各种艺术形式所要承载的具体内容，而且指出其需要在"八音克谐，无相夺伦"的基础上最终达到"天人合一"的理想境界；更为重要的是，它在早期诗乐舞不分的背景下映射出了对艺术主体心态的要求与规定。显然，作为艺术形式的"诗""歌""声""律"等，若要自由的生发和实现，必须要以"神人以和"的创作心态作为心理基础，在艺术胸襟上具有一种天态意识与宇宙观念。当然，中国生命美学视阈下所形成的这种艺术心态还带有早期生命思维混沌与模糊的征兆和特性；但是，作为发生学意义上的艺术心态显现，"神人以和"在古代艺术领域仍具有典范效应。

先秦时期，由于实践的特殊性，人们在合于"天"的前提下从事生产活动，实现生命存在与发展，也是在同时进行某种艺术创作活动；

这就导致了艺术产品往往与日常生活紧密相关，并且在一种浓厚的生命情怀中体现出天人融合的主体心态。就具体艺术形式而言，先秦的艺术主要表现为乐舞、服饰、青铜器、散文等形式，它们所展现出的艺术心态也正好印证了中国生命美学关于天人和谐关系建构的精神旨趣。在乐舞方面，夏代就有《大夏》《九辩》《九歌》等艺术传说。《大夏》主要是以乐舞的方式再现了治水情景，并且用乐舞来庆祝治水成功，"皮弁素积，裼而舞《大夏》"（《礼记·明堂位》），于一种古朴而欢快的场景中显现了一幅天人融合的动人画面。《九辩》《九歌》更是在一种神话渊源中体现了天人相感应的原始艺术心态，"西南海之外，赤水之南，流沙之西，有人珥两青蛇，乘两龙，名曰夏后开。开上三嫔于天，得《九辩》与《九歌》以下"（《山海经·大荒西经》）。周代乐舞更为注重"和"，"以六律、六同、五声、八音、六舞，大合乐，以致鬼神示，以和邦国，以谐万民，以安宾客，以说远人，以作动物"（《周礼·大司乐》），并且在理性化的社会进程中流露出一种"乐文同，则上下和矣"（《礼记·乐记》）的艺术心态与精神旨趣。"乐者，天地之和也"（《礼记·乐记》），天人融合的艺术心态是这一时期人们的共识，而"八佾舞于庭，是可忍也，孰不可忍"（《论语·八佾》）就从反面表明了对那种有违"和"的主体心态的不满与愤慨。在他们看来，真正的艺术创造应该秉承一种天人融合的心态，在天人和谐关系的建构中突显乐舞的现世社会功效，"夫政象乐，乐从和，和从平，声以和平，律以平声，金石以动之，丝竹以行之，诗以道之，歌以咏之，……风雨时至，嘉生繁祉，人民和利，物备而乐成，上下不罢，故曰乐正"（《国语·周语下》）。在服饰方面，原始的服装面具就明显地体现了融合天人、以人配天的心态，如"百兽率舞"的场景。在先秦时期，戴上面具的人（巫）就可以代表宗氏实现与"天"的直接对话和交流，并且传达"天意"与"神旨"；因此，服饰面具在设计上就必然要表达天人融合的创作心态与神圣宗旨，如图案、形象、饰品、色彩等的选择，都是以天人融合为出发点和归宿的。后来的帝王朝廷冕服也是由原始服装面具衍化而来，具有权威的人（帝王）穿着冕服，取得"天意"，然后将其普及人间，在天人合一的氛围中建构一个尊卑有序、风调雨顺的和谐帝国，"乾天在上，衣象，衣上阖而圆，有阳奇象。坤地在下，裳象，裳下两股，有阴偶象。上衣下裳，不可颠倒，使人知尊卑上下，不可乱，则民自定，天下治矣"（《古今图书集成·礼仪典》）。由此可见，冕服是一种上可明"天"，下可化"人"的权力象征，其在设计上自然十分讲究，如上面绣有日、月、星、龙、山、火等图案，而且还附有革带、大带等配件，然后由帝王之身来穿着，在整体上表现出融合天人的审美倾向和艺术心态。先秦时期，值得注意的艺术形式还有青铜器，青铜艺术以一种特有的审美方式展现了古人对生命及其天人关系的想象和建构。先秦比较有名的青铜器有人面方鼎、后母戊鼎、四羊方尊、饕餮图案类青铜等，它们以体大厚重、形象夸张、图纹混杂的形式将"天"之神秘与威严和"人"之渺小与敬畏同时表达出来了，在一种崇拜与模仿中流露出融合天人的美好愿望。湖南湘潭、衡阳等地出土的猪尊、牛尊更是在鸟与猪、虎与牛的共处中营造出某种和谐的完美景象；这种刻意追求万物和谐共生局面的意愿，体现了早期人们寄予青铜器中的天人融合的艺术心态。先秦的文学艺术也尤为重要，早期的"铭文"、《周易》《诗经》等都以各自的维度和视角展现了古人的生存智慧与审美意识；它们不仅用文字和形象再现了当时的社会场景与生命存在状态，而且是在"弥纶天地之道"（《周易·系辞传上》）的心态驱使下的一种艺术行为，如《周易》的阴阳刚柔与安身立命、《诗经》的天道伦理与生命性情。先秦文学艺术中最为突出的当属散文，诸子各家纷纷著书立说而为天下立法，形成了散文的多元发展与繁盛。当然，诸子散文虽然在政治立场、艺术风格、个性特征等方面还存在着显著差异；但是，就艺术心态而言，它们仍旧是基于天人融合来为生命存在与发展进行的言说；如儒家散文的伦理道德（"天"的现世形态）与生命存在、道家散文的"自然天道"与生命发展、屈原散文升天入地的想象空间与生命个性、《左传》《国语》《战国策》等的记人事而明天道，都显露出一种究天人之际，察古今之变，应生命之在，证大道之真的宇宙视野与创作心态。总的来看，先秦时期的人们在寻求审美化、理想化的生命生存与发展态势中，在生产生活实践与艺术活动合一的前提下，形成了一种天人融合的艺术心态，展现了早期生命美学的艺术维度与精神旨趣。

汉魏六朝时期，人们仍然在一种浓郁的生命情怀中体现了天人融合的艺术心态，汉代画像与汉赋是其代表。汉代画像一般是作为陵墓的一个组成部分，而其中刻画在石室内的画像则极具审美意味与艺术精神，如长沙马王堆汉墓帛画、河南卜千秋汉墓壁画、内蒙古乐舞百戏壁画等。汉代画像在内容题材上可谓包罗万象，女娲、西王母、山神、异兽仙人的神仙灵异形象，神农、尧、舜、禹、文武王、老子、孔子、董永、管仲、荆轲等历史人物形象，宴饮、田猎、农事、游戏、战争等生产生活场景，都被汉人和谐地安排在画面中，在整体上构成了一个跨越时空、囊括天地、融合古今的宇宙全图。我们可以看出，汉人实际上在这种创作模式中表达了追求杂满与无限、融合天人的艺术心态与审美倾向。汉赋可以说是汉代艺术的高峰，其更是以一种全面、铺陈、恢宏、夸张的特征将想象推向极致，显现出容纳万物、尽显天人和谐关系的艺术心态，"极丽靡之辞，闳侈钜衍，竞于使人不能加也"（《汉书·扬雄传下》）。如司马相如的《子虚》《上林》两篇散体大赋，以一种穷尽万物的铺陈手法，用有限的文字描摹和创造了一个繁富多彩的世界；无论是物产之富、景况之盛，还是宫苑之壮、场面之浩，都体现出汉人寻求一种认识极限的知识渴求，其体现在艺术心态上就表现为融合天人的主观用心，"赋家之心，苞括宇宙，总览人物"（葛洪《西京杂记》卷二）。《两都赋》《二京赋》等汉大赋也可作如是观。实际上，汉人的赋体创作是在一种"天人合一"的主客体结构中进行的，是在主体的想象和体验中来实现对客体的把握；因此，就创作心态而言，主客体融合就不仅仅体现在现象层面的物我杂陈，而且体现为主体内心对客体的接纳、迎合与收编。显然，汉代散体大赋以最为直观的方式展现了宏大、广阔、强盛、繁富的帝国盛况与文化心态，也在一种"俯仰"天人的宇宙视野与生命情怀中显现了融合天人的艺术心态。魏晋六朝是一个充满生命悲感与宇宙意识的复杂时代，"生年不满百，常怀千岁忧，昼短苦夜长，何不秉烛游"（《古诗十九首》）成为当时人们的普遍心理写照。在艺术方面，魏晋六朝则是一个"为艺术而艺术"的时代，文学如《文赋》《文心雕龙》等美文，声乐如广陵散、清商乐舞，绘画如顾恺之、宗炳，书法如钟繇、王羲之，园艺如朝廷宫苑、私家园林……都代表了中国古代艺术的较高成就，且对后世影响深远。然而，魏晋六朝艺术上的成就则是以生命的苦难、曲折、顽强、超脱来实现的，在极具生命美学意蕴的同时也体现出融合天人的艺术心态，即将"人"的有限生命融入虚灵的宇宙时空中，在一种无极而无穷、无色而无求的动态时空中以艺术的方式来获得生命的永恒。在艺术题材上，魏晋六朝士人也是竭尽所能,"仰观宇宙之大,俯察品藻之盛,所以游目骋怀,足以极视听之娱,信可乐也"(王羲之《兰亭集序》)。在一种俯仰天地的生命历程与艺术活动中寻找天人融合的契机,从而创造出纯粹的、诗意的与个性化的生命艺术。在艺术风貌上,诗文的美艳、声乐的沧远、绘画的神逸、书法的飘逸、园艺的适心,也都于一种生命的气息中流露出人生似宇宙般空灵、虚幻的境界,在艺术的形上层面体现出天人合一的价值旨趣。为此,在魏晋六朝士人看来,艺术就是一小宇宙,而宇宙则是一大艺术,人以艺术化的方式融入宇宙,在心态上实现天人融合关系的建构,是进入艺术殿堂的必由阶段。

隋唐以后,中国古代社会的基本结构得以定型,中国生命美学也主要表现为人与社会和谐审美关系的建构,生命存在与发展的伦理化转向与主导地位的确立也深刻地影响到了艺术领域。总体而言,在艺术心态上,天人融合逐渐分化为礼人融合与理人融合,二者共同在现世层面践行着中国生命美学的艺术精神。在古代封建社会,礼(理是礼的内化表现)不仅体现为典籍制度、伦理纲常、自然道统,而且是"天象"在世间的一切现实存在,是古代文化的总称,"'礼'为中国文化的根本特征,当是无疑的。自然,中国文化尚有其他多方面的特征,然而都不过是以'礼'为根本特征的中国文化的一个方面。"[1] 为此,在某种程度上讲,礼与理是"天"的世俗化与客观化,人与礼、理的融合实际上体现的是背后的天人融合。在唐代,由于国家的繁盛与强大,唐代艺术也较为高亢与激扬;文人雅士以一种人与礼相融合的心态同样开创了"艺术盛世"的理想局面。具体而言,以大小雁塔、龙门石窟、乐

---

[1] 邹昌林. 中国古礼研究 [M]. 台北:台湾文津出版社,1992:15.

山佛等为代表的建筑雕塑艺术，以初唐"四杰"、王维、李杜、元白、韩孟、小李杜等为代表的诗文艺术，以虞世南、张旭、颜真卿、柳公权等为代表的书法艺术，以阎立本、吴道子、荆浩、张彦远等为代表的绘画艺术，都在各自的领域迎合与再现了有唐一代的礼文化，并且在人与礼的融合中展现了生命的丰富多彩与审美化存在。也就是说，从总体上看，唐代艺术在百花齐放的表象下体现的却是人对于礼的遵循与操守，是将人艺术化地安置在封建大一统的伦理纲常的价值体系中了。显然，唐代文人雅士的这种艺术心态不仅源于"天人合一"的古训与国力的强盛，更是对生命存在与发展进行审美哲思与形上追问后的理性抉择和期待；为此，唐代虽然出现了诸如勇儒型、豪放型、禅道型、中隐型等多种人格面向，但是，他们在艺术心态与旨归上无疑最终都会或直接或间接地指向了礼人融合及其背后的天人融合，都绕不开在现存社会体制下对生命进行审美化安顿与构想，只不过有的艺术形式较为现实，有的艺术形式较为理想，有的艺术形式较为超脱罢了。从宋代开始，礼内化为理（包括性、心等），礼人融合也随之转变为理人融合；这时期的艺术形式也以较为内敛的方式展现了文人雅士的艺术心态，即在寻求一种心性雅致的生命审美化过程中达到天人融合的理想境界。宋代艺术颇具情致，于一种平淡、清幽、理趣的艺术风貌中传达出融合理人的主体创作心态；如苏轼、江西派等为代表的重理趣厚学问的诗文艺术，如以意为上的荆浩、关仝、范宽、李成和以平淡简朴为主的郭熙、夏圭、马远等为代表的绘画艺术，如苏轼、黄庭坚、米芾、蔡襄等为代表的淡泊厚蕴的书法艺术，如佛雕、陶瓷等为代表的偏世俗重写实的手工艺术，都似乎于身心的修养中走向一种理人融合的理想境界。宋代的园林艺术更能突显其强调理人融合而致天人融合的艺术创作心态。从大处着眼，宋代园林就是一个宇宙的时空场域，园中的自然山水、人文景观都经过刻意的制作与摆放，在狭小有限的空间营造了一个无限无穷的意义世界，再融入琴棋书画以及品茶煮酒的文人行为，一幅天人合一、物我两忘的和谐画面顿时浮现于眼前。因此，从宋代艺术中，我们能够窥见那种基于生命审美化存在的艺术胸襟与审美趣味，以及融合理人的艺术心态。元明清时期的艺术更为张扬与个性化，但是，其在基本底色上仍然没有脱离天人融合的艺术创作心态，只不过是在对"天"的世俗化形态礼与理的对抗和颠覆中来寻求一种心性的自由与生命的本真。以《西厢记》《长生殿》《西游记》《红楼梦》等为代表的以深情显欲为主旨的戏曲与小说艺术，以纺织、陶瓷、篆刻等为代表的以奇艳通俗为风尚的工艺艺术，以李贽、公安三袁、袁枚等为代表的以真情性灵为旨趣的诗文艺术，以徐渭、石涛、扬州八怪为代表的以狂傲惊俗为宗旨的书画艺术，也都在一种生命激情与张力中显现出回归天人合一的艺术心态——对心性的返本归元；如"最初一念之本心也"（李贽《童心说》）、"人生堕地，便为情使"（徐渭《选古今南北剧序》），显然将艺术创造上升到"天"对"人"的原初赋予，体现地是一种融合天人的艺术心态。

由此看来，中国生命美学以生命审美化存在与发展为核心论域，其在艺术精神上则必然表现为一种融合天人的艺术心态；天人和谐的创作心态是中国古代艺术的一大特色，这也是中国生命美学对艺术主体的独特表征与贡献。

二、灵性透悟的艺术心态

灵性透悟的艺术心态是指生命美学视阈中的艺术主体在生命审美化存在状态中所形成的自由超越、通彻剔透的创作动机与心理倾向，即以灵性的透悟之境为出发点的主体心态。"灵性"作为一种现象描述,往往与生命相关联,体现为活泼、灵慧、机敏等生命精神;如"以为灵性密微,可以积理知洪变"(颜延之《庭诰二章》)就是在精神之义上使用"灵性",并且将其作为一种客观对象纳入认识论体系之中予以探讨。中国生命美学作为对生命的审美言说,处处闪烁着对生命特性的开启与彰显,"灵性"也自然成为其对生命审美化存在与发展的内在要求之一;就艺术领域而言,中国生命美学视阈中的"灵性"则转化为了对生命存在活泼通透心理境界的建构,内在地生成了一种灵性透悟的艺术创作心态。

从总体来看,灵性透悟的艺术心态往往体现在主体的审美观照和艺术观照的方式中,艺术主体就是在一种仰观俯察、品味体悟的艺术审美方式之中以灵性透悟的心态来进行艺术构思与创作的。总体来说,中国古代艺术的审美观照方式基本上沿着观、品、味、悟的历史线性发展趋势逐渐深化与精致化的,并且在这一发展进程中将灵性透悟的艺术心态淋漓尽致地传达出来了。先秦与秦汉时期,生命的意义世界是在一种"观"中得以形成的,"观乎天文以察时变,观乎人文以化成天下"(《周易·贲卦·彖传》);作为生命存在方式的艺术形态也是在这种"观"中显现出通彻剔透的生命意蕴。先秦时期,能"观"之人(通常是巫师或圣人)通过"观"把握时空动态系统,"万物并作,吾以观其复"(《道德经·第十六章》),以此获取对事物的认知以及各事物之间的联系与本质,在领悟宇宙真谛的同时创造出丰富灿烂的文化和艺术。我们应该明白,先秦之"观"不是一般意义上的远近游目,而是具有特殊时空意义的神圣行为方式,是一种天人沟通的桥梁与媒介;因此,"观"的主体首先是充满灵性的,并且在灵性的透悟中用艺术化的方式传达"天意"与彰显生命。先秦艺术在具体形态上都体现了这种灵性透悟的艺术心态，如以图腾舞、仪式乐舞等为代表的充满生命激情与野性魅力的原始歌舞艺术，以器具、器雕等为代表的蕴含生命智慧与人文色彩的手工艺术，以诗文、书画等为代表的彰显生命个性与玄远寓意的文学艺术，都在一种审美化的生命展现中流露出灵性洒脱与剔透通彻的艺术心态。湖南宁乡出土的四羊方尊于厚重的体积中不乏灵性，在浓密的纹饰中描绘了四尊精彩绝伦、栩栩如生的兽羊，在富繁神秘之中蕴含着生命的灵动情态，其灵性透悟的创作心态清晰可见。《庄子》在形象、幽默的故事中将抽象的哲理与智慧以"恢怪不经"的手法表现出来了，整部《庄子》就充溢着生命的灵性，是庄子在一种"观"的过程中用灵性透悟的心态进入艺术后的神来之笔。在艺术的审美观照方式上，秦汉延续了先秦以来的"观"，虽然其更加理性化、模式化，但是，灵性透彻的艺术心态仍然处处可见。兵马俑作为秦汉艺术的奇迹，充分展现了灵性透悟的艺术心态与高超绝伦的艺术技法；在数以千万计的陶俑中，基本上个个形象各异、表情丰满、动作活泼，形成了一幅气势磅礴、威武刚健的"大美"画面。就艺术心态而言，如果没有对宇宙苍生细致入微的"观"，进而对生命存在产生深切的感悟与共鸣，从而形成灵性透悟的心理境界，是不会创造出这样恢宏巨制的。汉代文人雅士在伦理纲常体制下彰显了进取、奋发、幻想、自信的生命精神，并且在仰观俯察的生命活动中创造出"广大之言"的汉赋。汉赋遵循"主文橘谏"与"润色鸿业"的主流价值规约，却在豪迈、雄奇、巨丽的艺术风貌中体现出灵性透悟的艺术心态；无论是"写物图貌，蔚似雕画，抑滞必扬，言旷无隘"（刘勰《文心雕龙·诠赋》）的艺术视野与技法，还是"体物而浏亮"（陆机《文赋》）的艺术把握与体验，抑或是"益以玮奇之意，饰以绮丽之辞"① 的艺术想象与夸张，都指向一种"不师故辙，自摅妙才"② 的艺术心态的发挥与运用。汉赋中充满生命气息的全景描绘，舞动灵性的自然景观，跳跃奔放的想象空间，都需要赋家的"妙才"来完成，一种灵性透悟的艺术心态则是这种"妙才"的必备条件。

先秦至秦汉，古人在"观"的生命审美建构历程中形成了一种灵性透悟的艺术心态；而时至魏晋六朝，古人形成了"品"的艺术审美观照方式，如《诗品》《画品》《书品》等，并且同样以灵性透悟的心态在对"气"的品鉴中走向了生命的审美建构和艺术表达。魏晋六朝士人将哲学上的"气"范畴首先引入到了美学领域，并且将"气"作为生命审美化存在的一种方式，"夫人在气中，气在人中，自天地至于万物，无不须气以生者也"（葛洪《抱朴子·至理》）。为此，就艺术对象的把握方式而言，无论是人物的审美品藻，还是具体艺术形态的审美传达，都离不开对"气"的品鉴。先秦秦汉之"观"还多是一种抽象的体验方式，"品"则更加精炼化与细致化，对"气"的品鉴表明对艺术主体有了更高的要求，对艺术心态上的灵性透悟也更为注重。魏晋六朝艺术离不开"气"的贯彻与充盈，如"文以气为主"（曹丕《典论·论文》）、"志气统其关键"（刘勰《文心雕龙·神思》）的文学艺术，"气韵生动""风范气候，极妙参神"（谢赫《古画品录》）的绘画艺术，"唯行草之间，逸气过也"（张怀瓘《书断》）的书法艺术，都要求劲健淋漓，生趣盎然之"气"的介入，从而形成一种荡漾着生命旋律、自然天生、活泼灵动的艺术魅力与审美空间。王羲之的《兰亭序》

---

① 鲁迅. 鲁迅全集·汉文学史纲要 [M]. 北京：人民文学出版社，1957：305.
② 鲁迅. 鲁迅全集·汉文学史纲要 [M]. 北京：人民文学出版社，1957：306.

就是一部充溢着"气"的典范之作,全书 28 行,324 字,洋洋洒洒,行如流水,一气呵成,将作者心中之"气"与宇宙之"气"融会贯通,然后诉诸笔端,于骨与肉、形与神、刚与柔、实与虚、婉与劲的相互协调中流露出关于人生的悲感与生命审美化存在的追问。嵇康的《广陵散》将"气"化为一种刚强且富有战斗意味的艺术精神,于激昂悲怆、慷慨悲凉的乐曲中传达出生命的不屈与不饶。魏晋六朝的人物画更是将"气"作为人物形象的中心,如时称"画圣"的卫协所作人物画,"虽不备该形似,而妙有气韵,凌跨群雄,旷代绝笔"(谢赫《古画品录》)。顾恺之的人物画如《列女仁智图》《洛神赋图》等,更是在注重简练、实对的基础上将现实生命之"气"描摹出来了,使人物真实、可感、可触而栩栩跃于纸上。由此看来,魏晋六朝艺术十分注重对"气"的审美传达,这也在客观上促生了魏晋六朝士人"品"的艺术审美观照方式。"品"不只是对客观世界的外在接触与观赏,而且更是一种融合了生命主观维度的鉴赏与判断;也就是说,"品"内在地包涵了价值因素,融入了生命的价值抉择与理想预期,其本身构成了生命审美活动的一部分。魏晋六朝士人用"品"的方式来把握"气",将其作为一种生命存在移入具体的艺术形态,从而形成了魏晋独具特色的艺术发展路径。显然,由于"品"关乎生命,且需要在对居无定所、飘逸无形之"气"的把握中走向形上价值旨趣;那么,具备"品"的艺术主体必然需要有自由超越、通彻剔透的心理素养——灵性透悟的艺术心态。从整体来看,在中国生命美学视阈中,魏晋六朝士人的艺术创作一般应该是由灵性透悟的艺术心态肇始,然后进入到"品"的艺术审美观照过程,进而实现对生命之"气"的营造与建构,最后形成具体的艺术形态。

唐朝时期，中国古代艺术的审美观照又发展为一种更为复杂的方式——"味"。"味"作为一种审美观照方式并不是起源于唐代，如宗炳在《画山水序》中就提出了"澄怀味象"的审美方式；但是，真正将"味"演绎成为主流艺术审美方式的则是在唐代。唐代文化昌盛、政治开明、价值多元，这就在一定程度上造成了唐朝士人对较为复杂的艺术审美观照方式的诉求；而"味"是一种感觉的综合，在本质上它体现的是对一种复杂的、多义的、富于意蕴的审美对象的观照；为此，"味"正好迎合了唐代士人对艺术审美方式的追求。"味"作为一种审美观照方式，具有自身的独特属性；其一，它更倾向于虚和空，强调对"形"外之旨的审美把握；其二，它注重主客体的对话，是在一种天人合一的宇宙图式中的审美活动；其三，它蕴含丰富，艺术之酸、甜、苦、辣等都能通过"味"来观照，其具有更为宽广的胸襟与视野。从整体来说，"味"作为一种艺术审美观照方式，对艺术主体提出了更高要求，即要求主体在虚幻空灵的世界中以一种对话交流的艺术方式将对象的复杂审美意蕴传达出来；显然，这一过程的实现首先需要灵性透悟的艺术心态。也就是说，以对生命的深切体恤和透悟以及对自由超脱的执着和渴求为核心的心理境界是艺术主体进入"味"的审美模式，进而成为进行艺术创作的前提条件。总体上而言，唐代艺术就是文人雅士用一种灵性透悟的艺术心态以"味"的审美方式在对"意境"的追求与营造过程中所形成的具体形态。唐代的诗文、工艺、书法、绘画等艺术形态大都体现了对"意境"的审美建构。在诗文艺术方面，无论是激昂高调的初唐诗文，还是优雅飘逸的道佛诗派，抑或是深沉悲旷的中唐诗文，或者是低吟深情的晚唐诗文，无不是在一种"味"的审美观照方式中"入境"，从而生成"风力外彰，体德内蕴，如车之有毂，众美归焉"（皎然《诗式》）的诗文胜境。在书法艺术方面，刚柔劲骨的虞世南、欧阳询，出神入化的张旭、怀素，厚重尚意的颜真卿、柳公权，也是以"味"的审美方式把握灵动的世界，在一种主客融合与交流的心境中创造出"变动如鬼神，不可端倪"（韩愈《送高闲上人序》）的书法胜境。在绘画艺术方面，丰秾艳丽的周昉、李思训，玄远禅意的尉迟乙僧、王维，富贵野逸的黄筌、徐熙，同样以"味"的审美方式来面对"阴晴万壑殊"的对象世界，于超凡脱俗、空灵静朗的心理状态中创造出"江流天地外，山色有无中"（王维《汉江临眺》）的绘画胜境。在工艺、技艺等方面，近俗取乐的服饰与多彩的娱乐活动，杂陈多面的音乐与舞蹈，宏阔优雅的建筑雕塑与陶瓷艺品，也都在一种"味"的审美方式中以容纳四海的宽广胸襟创造了"语不惊人死不休"的艺术盛况。从构成上来讲，唐代艺术之境秉承了"味"的虚空、间离与多义，"如蓝田日暖，良玉生烟，可望而不可置于眉睫之前也"（司空图《与极浦书》）；因此，不管是"入境""取境"，还是"造境"与"品境"，都需要一种灵性透悟的艺术心态，需要一种对生命存在的通透与体恤的心理状态的介入。显然，唐代士人此种艺术心态的生成，离不开中国生命美学在一种多维的文化视野中仍然执着于对生命本真言说与建构的价值旨趣，这也是其对唐代艺术的重要贡献之一。

宋代及以后，士人们在生命审美化建构的追求中选择了"悟"的艺术审美观照方式，如"学诗浑似学参禅，竹榻蒲团不计年。直待自家都了得，等闲拈出便超然"（吴可《学诗》）就形象地描述了宋代以后士人的艺术行为方式。他们不仅在"悟"中参透生命的意义，而且在"悟"中安放生命存在，进行艺术创作，将灵性透悟的艺术心态直接提上前台，并且放在更为显著的地位加以突出，显现了中国古代社会后期艺术的精致化与内转倾向。宋代以后的艺术大多表达了对理的兴趣，无论是理致、理趣、理味，都在渲染一种"悟"的艺术审美方式。在诗文艺术上，苏轼、江西诗派，以及理学家的诗文强调"以理入诗"，于一种"涵泳"的诗文创作技法中透露出"悟"的艺术审美方式。前后七子在复古的诗文运动中力图以情化理来重振诗坛和彰显生命艺术之本真，却在客观上走进了古代文化认同的行为结穴，他们遭人诟病正好从反面印证其对"悟"的审美方式放逐后诗文艺术所处的艰难困境；而李贽、公安派诗文以及后来"以泄其情"的小说与戏曲所表现的对生命本真和性情之"返"与"显"，则是他们对"悟"的体认与运用的必然结果。清代诗文以"万古之性情"为根底，无论是格调、肌理、神韵诸说，大体也都没有脱离"悟"的审美观照方式，仍然注重强调艺术主体通彻剔透的心理境界。在书法艺术上，苏轼、黄庭坚、米芾、蔡襄四大家皆以"尚意"为主，"然四家之中，苏蕴藉，黄流丽，米峭拔，皆令人敛衽，而蔡公又独以浑厚居其上"（盛时泰《苍润轩碑跋》），如此厚重之理趣，非"悟"如何抵达？在绘画艺术方面，北宋文人画以墨戏与写意为主而造雄伟淡远之境，南宋李唐、马远、夏圭自造寓意高远的绘画境界，元代赵孟頫、黄公度的画境也是简率深远，明清画家更是于险怪灵性之中独辟蹊径；可以说，它们是"外枯而中膏，似淡而实美"（苏轼《评韩柳诗》），是需要以灵性透悟的艺术心态进行"悟"后方能体会的。总的来说，由于"悟"更注重生命内在的体验与感受，是一种以生命性情为基础的行为方式；因此，就艺术精神来说，"悟"作为一种审美方式就更为接近艺术的境界。我们再来看严羽的《沧浪诗话》，其虽是论诗，但就宋代后期整个艺术环境而言，则可以推而广之。严羽认为艺术之最高境界为"羚羊挂角，无迹可求。故其妙处，透彻玲珑，不可凑泊。如空中之音，相中之色，水中之月，镜中之像，言有尽而意无穷"（严羽《沧浪诗话·诗辨》）；虽然他将其指向了盛唐艺术，但对于文雅淡泊的宋代以及后世文人而言，期望同样如此。严羽此种飘逸的艺术境界显然是要通过"悟"来实现的，"禅道惟在妙悟，诗道亦在妙悟"（严羽《沧浪诗话·诗辨》），而进入"悟"的审美观照方式则是需要"别材"的，就艺术主体而言，则是灵性透悟的艺术心态。毫无疑问，宋代及其后世，中国生命美学对主体心理境界的拓展与建构是艺术形态内转倾向的重要渊源之一。

中国生命美学对生命存在的审美化建构不只是单纯外在生存情境的营造，而是更加注重内在心性的灵动与通透；灵性透悟的艺术心态是中国生命美学对古代艺术的又一重大贡献。

第二节 艺术表现：生命的写真与神韵的传达

中国生命美学是关于生命的审美言说，其表现在艺术领域，则是将生命的现实形象与氤氲气韵贯彻到具体的艺术形态中，形成一种生命化的艺术精神。具体而言，中国生命美学视阈中的古代艺术形态集中体现了对生命的描摹与仿真，蕴含了浓厚的现世维度与生命情怀，其更是在一种神韵的传达上彰显了艺术的形上生命旨趣。

一、生命的写真

中国古代艺术发展史同时也是一部生命生存史，从早期的巫史艺术到后来的高雅艺术，几乎无一例外的将生命作为自己表现的对象。它们或者直接模拟生命形象，进行艺术的再现；或者创造一种生命形象，进行艺术的表现；或者将生命的存在状态与现实情境以艺术的方式予以展现；或者于艺术中传达出一种生命发展的理想态势……总的来说，从中国古代艺术发展史中，我们能够窥见其关于生命的各种写真，聆听到各种生命的呼声，感受到各种生命的气息。

先秦时期，生命往往直接成为艺术的表达对象；尤其是早期的巫史艺术，更是在一种身体的展示中完成自身的显现。早期仪式作为艺术的发源，就十分注重对生命的展示，"百兽率舞"的场面就是身体美的一次集中展现。先秦颇具影响的"万舞"也在某种程度上展现了生命之美，"昔者齐康公兴乐《万》，《万》人不可衣短褐，不可食糠糟，曰：'食饮不美，面目颜色，不足视也；衣服不美，身体从容丑羸不足观也'"（《墨子·非乐上》）。容貌姣丽、装扮华丽的一群舞者迎着声乐翩翩起舞，在动人的旋律中更是一种生命美感的释放。当然，先秦艺术对生命的表达是多方面的，它们在直接展现身体美之外，更多的是表达生命的现实存在状态。先秦的工艺品就深藏着浓厚的生命底蕴，如刻有生殖意象、人面图像的陶瓷品，就在一种生殖崇拜与身体珍视中传达出原始的生命理念。饕餮青铜器更是直接以一种形象的方式展现了生命的现实生存境遇，如湖南出土的饕餮食人卣。在此青铜器中，饕餮龇牙咧嘴、巨目圆瞪、獠牙锋利，而它口中更是含着人头；与人的无助和惊恐形象相比，饕餮则呈现出一幅狰狞凶残的面目。显然，这种形象的设计一方面表达了人对自身生存困境的担忧，"周鼎铸饕餮，有首无身，食人未咽，害及其身"（《吕氏春秋·先识览》），另一方面则是表达了对"生命力"的崇拜与期望。还有一部分青铜器艺术则展现了"人骑兽"的形象，"北方禺强，人面鸟身，珥两青蛇，践两青蛇"（《山海经·海外北经》),如楚帛画、玉器、神话等,都在一种感性的艺术体验方式中表达了生命的生存情境及其本质力量。先秦的文学艺术也体现出浓厚的重生意识与现实关怀,《周易》就处处闪烁着生命的智慧,其以极为宽广的视野与无所不包的结构传达了早期人们的生命意识;如六十四卦就以一种关联意识阐发了各种生命境遇,并且以诗意的智慧为生命保驾护航,如"否之匪人,不利君子贞"(《周易·否卦》)、"舍尔灵龟,观我朵颐。凶。"(《周易·颐卦》)、"损其疾,使遄有喜。无咎。"(《周易·损卦》)等,都在筮书的面目下显露出贴切、深邃、丰富的生命智慧。《诗经》更是以一种现实主义精神充分展现了生命的存在状态,这里有"不稼不穑,胡取禾三百廛兮?不狩不猎,胡瞻尔庭有县貆兮?彼君子兮,不素餐兮!"(《诗经·魏风·伐檀》)"硕鼠硕鼠,无食我黍!三岁贯女,莫我肯顾"(《诗经·魏风·硕鼠》)的生存压迫与苦痛;这里有"三之日于耜,四之日举趾。同我妇子,馌彼南亩,田畯至喜"(《诗经·豳风·七月》)的生产劳动场景;这里有"所谓伊人,在水一方。溯回从之,道阻且长。溯游从之,宛在水中央"(《诗经·秦风·蒹葭》)的爱情遥思;这里有"知我者,谓我心忧,不知我者,谓我何求。悠悠苍天,此何人哉"(《诗经·王风·黍离》)的生命感叹……作为中国最早的一部诗歌总集,《诗经》几乎以一种"诗史"的形式再现了早期人们的生存状态与生命姿态,将各种跳动的生命音符在"乐而不淫,哀而不伤"(《伦语·八佾》)的氛围中鲜明的刻画出来了;可以说,就生命的写真而言,《诗经》可谓不愧余力、竭尽所能。战国后期的文学著作如《庄子》《离骚》无不是充满着生命的激情与魅力,在一种寓意怪诞与奇幻奔放的语言艺术下传达出五彩斑斓的生命历史。

先秦艺术从多侧面、多角度展现了各种生命形象及其生存状态，而秦汉时期的艺术却在伦理纲常的规约下显现出不一样的生命言说路径，即在"发乎情，止乎礼"的矛盾张力下显现出生命的某种情态，于一种"大美"的审美旨趣中展现出一定的个体性情与生命意识。从秦汉艺术的整体审美风貌来看，追求一种雄、壮、大、整、合的艺术效果无疑是其主要审美倾向，无论是巨丽威严的都城建造与宫苑设计，还是高大雄健的陵墓塑造与雕塑风貌，抑或是体大心宽而穷极天下的汉大赋，都无不是在渲染与配合"大一统"的国家制度与价值取向。为此，我们看到，秦汉艺术在创作动力上基本上坚持了"润色宏业""百讽归一"的宗旨，是在一种"礼"的约束下进行模式化的艺术表达。当然，秦汉艺术仍在一定程度上实现了对生命的表达。一方面，秦汉艺术将生命融入气、阴阳、五行为中心的天人合一的宇宙图式中了，在一种"类"的向度上传达了生命存在状态及其发展态势；如秦始皇的皇宫建造，"始皇穷极奢侈，筑咸阳宫，因北陵营殿，端门四达，以则紫宫，象帝居。渭水贯都，以象天汉；横桥南渡，以法牵牛。"（《三辅黄图·咸阳故城》）就在一种法天象、重阴阳、合天地的思维模式中显现出承天命、配天意的生命存在与安放法则。再如汉大赋，其于"广大之言"中仍然流露出有关生命的形上感慨与追寻，"《子虚》之事，《大人》赋说，靡丽多夸，然其指风谏，归于无为"（司马迁《史记·太史公自序》）。另一方面，秦汉艺术虽然以"礼"为纲，但是其始终都没有禁欲斥情，如西汉的"俗"乐舞的兴盛与流行；而时至东汉，各种世俗化的艺术更为广泛，在文人那里出现了一种注重个体真情表达的艺术倾向。四川出土的陶吹笙俑、击鼓说书俑、河北出土的青铜长信宫灯等艺术品，明显地走进了日常生活领域，传达了生命存在的现实生活情趣。

东汉的抒情小赋、文人诗更是以一种感性的笔触深入到丰富多彩的生命世界，表现了生命的内在情绪与感伤意蕴。《归田赋》《刺世疾邪赋》《古诗十九首》等，在对个体情性的裸露与抒发中实现了对生命存在与体验的真实表达。此外，秦代艺术也有对现实生命形象的直接表现，其主要体现在绘画艺术领域。山东嘉祥武氏祠汉画像石的楼阁燕居图、江苏铜山汉画像石的纺织图、四川新都的酿酒画像砖等，都直接取材于现实生活，并且以生命及其活动为中心进行艺术的展示，于古朴粗犷的艺术风貌中彰显出生命存在的现世状态。总的来看，秦汉艺术对生命的写真经过了从抽象到具体、从宏观到微观、从整合到分化、从理性到感性的发展过程，这也是"发乎情，止乎礼"的艺术审美主旨逻辑发展的必然结果，而且也是其向魏晋六朝艺术过渡的必然环节。

  对生命的写真，魏晋六朝艺术可谓更为直接与深情；可以说，魏晋六朝就是一个生命化的艺术时代，这时期的艺术形态大都把对生命的表达作为核心，在一种浓厚的现世情怀中显现出艺术沉重的生命旨趣。在文学艺术领域，悲苦而苍凉的生命体验成为艺术表达的主题；人生几何、事未成功未就而慷慨悲凉的建安诗文，祸福一并、人未尽其才而孤寂悲怆的正始诗文，人生固短、离乱世取淡静而绮靡清悠的西晋诗文，浪迹山水、忘得失弃荣辱而潇洒超脱的东晋诗文，都以一种诗意的语言艺术走进了个体生命世界，在对生命的现实体验中进行生命存在及其情性的审美表达。陶渊明就以诗文的方式塑造了一个"不为五斗米而折腰"，毅然辞官，且于山林、自然之中寻找合于文化理想又合于自身生存地位与情境的鲜活生命形象，传达出力图摆脱主流朝廷意识束缚，远离朝廷政治权威，能够在"复得返自然"的生命自由活动中走向生命本真存在状态的美好理想。在绘画艺术领域，不仅出现了大量的人物画，而且出现了将生命寄情于山水的山水画，它们于自觉的审美追求中体现出对生命的写真和体认。将具体的生命形象直接作为描摹的对象，本身就透露出浓厚的生命情怀；而魏晋六朝的人物画在汉代重写实的基础转向了对人物形、精、气、神等全方位的展示，体现出特殊时代背景下有关生命的独特认识和审美期待。魏晋六朝时期的人物画以顾恺之为代表，其所画人物形象生动，体现了一种以生命美为核心而寻求生命自我超越的时代精神；如他所画嵇康、阮籍、裴楷如"如有神明"，所画谢鲲则"放达山水"，所画维摩诘居士以"清羸示病"，所画洛神赋图表"尊卑有序"，将各种鲜活的生命美以一种独特而富有整体感的效果中表达出来了，充分展现了魏晋六朝的生命存在状态及其对理想生命形象追求。后来的人物画家如谢赫、张僧繇等则将笔触深入到宫廷，在对人物的描摹中显现出更为"实"与"质"的审美倾向，"遂使委巷逐末，皆类效颦。……然中兴已来，象人为最"（张彦远《历代名画记》卷七），再现了另一种生命存在状态与生命情趣。魏晋六朝的山水画也在一定程度上表达了某种生命意识，是在形上层面将"魏晋风度"的生命意蕴用艺术化的手法传达出来了；如宗炳所画山水绝不是纯粹的描摹景致，而是于山水中寄寓一种心境、一种情趣、一种灵动、一种超脱、一种自由，是在"抚琴动操，欲令众山皆响"（《宋书·隐逸传上·宗少文》）的山水笔墨境界中走向生命的慰藉与永恒。在书法艺术方面，魏晋六朝文人书法以一种"表意"的审美方式展现了"纵情恣性"的生命情态，王羲之、王献之皆是其代表，此在前面已有所论述。此外，我们不能忽视魏晋六朝民间艺术对生命的开掘与表现，其主要体现在以《吴歌》《西曲》为代表的俗乐舞，它们以清新、热情、直率展现了多样化的生命存在，于俗与真、丽与情的感性体验中突显了生命的内在魅力。总的来说，魏晋六朝的艺术时时刻刻都充盈着生命的激情，其真正将生命存在融入具体艺术形态中，在艺术的生命化和生命的艺术化的双向交流中实现艺术与生命的和谐同构。

　　隋唐及后世，中国封建社会形态及其价值体系相对稳定；就艺术领域而言，对生命的写真也相对固定化与模式化，仍然是在一种礼义纲常的总体框架内表达着生命存在的现实情境与内在张力；所不同的是，在生命的表达方面，唐代艺术较为激越与高昂，宋代艺术较为内敛与精致，元明艺术较为狂诞与尖锐，清代艺术较为通融与完善。总体来看，唐代艺术是与其整体社会风貌相一致的，即在充满朝气、慷慨昂扬、宏阔嘹亮的氛围中彰显着生命的积极进取与奋发向上的发展态势。在文学艺术方面，以"初唐四杰"、张若虚、陈子昂等为代表的保家卫国、体恤生命的初唐诗文，以李白、王维、杜甫等为代表的激扬文字、言志表意的盛唐诗文，以白居易、韩愈、李贺等为代表的治世勇进、复兴缭绕的中唐诗文，以杜牧、李煜为代表的怀古至情、末世绝响的晚唐诗文，都在以一种激越的文字艺术表达生命热烈与奋昂的发展态势；虽然仍有主隐逸的刘长卿、韦应物，主柔情的李商隐、温庭筠，但是其显然不是唐代艺术关于生命言说的主流色彩了。与文学艺术相仿，唐代刚柔并济、浩气长存的书法艺术，俊逸爽朗、华丽雅正的绘画艺术，气吞山河、恢宏壮阔的雕刻艺术，粗犷热情、包容万象的民间艺术，无不在渲染一种生命激越与高昂的现实情态，于礼义纲常的视阈中最大限度地张扬了生命的进取精神与现世魅力。宋代艺术也随着宋代社会的转型而趋于内敛与精致，其对生命的写真也更加注重内在的体验与细致的开掘，在一种义理化的社会价值体系中走向了对生命的品鉴与雕磨。在文学艺术方面，典实浓密、婉约深炯的诗文风貌展现了宋代士人厚重而又清闲的生命存在情态；如苏轼的诗文于"淡妆浓抹总相宜"的风格中包含着深邃的义理，于"十年生死两茫茫，不思量，自难忘"（苏轼《江城子·乙卯正月二十日夜记梦》）的生命悲苦与惆怅之外，又流露出"小舟从此逝，江海寄余生"（苏轼《临江仙·夜归临皋》）的生命洒脱与淡然，将生命存在的内在张力深情地表现出来了。宋代的书法绘画艺术也在一种"意"的刻画中传达出生命的主观心境，将生命存在的主体向度进行艺术的审视与打磨，创造出充溢着生命内在意蕴的具体艺术形态。米芾的书法于飘逸的笔墨中以一种玩赏的心境展现生命的雅致与自足，"要之皆一戏，不当问工拙。意足我自足，放笔一戏空"（米芾《书史》）。马远、夏圭的山水画更是以一种残缺之美传达出生命存在的现实境遇，于绘画中表达了对国残家破的生命感慨与无限深思。此外，宋代的玩赏艺术、品茶艺术、服饰艺术，也都在一种情致的打量中表现了生命的内在品质与优雅性情。在礼义纲常的价值体系下，唐代艺术和宋代艺术表达出对生命的张扬与内敛，而元明时代影响最为深远的无疑是那些对礼义纲常价值进行背离与颠覆的艺术形态。以《西厢记》《窦娥冤》《水浒传》《西游记》等著作，以及"童心说""狂傲说""至情说""性灵说"等理论为代表的元明诗文戏曲艺术，在对封建伦理道德的颠覆与破坏中走向了对生命本真状态的揭示与显现，是在一种原初思维模式与意义上对生命的写真。元明时代的手工技艺与民间艺术也在世俗化、生活化的总体风貌中展现了生命的本真状态和天然之韵，如民族风情的歌舞技艺、艳丽张扬的陶瓷艺品、放纵激扬的娱乐活动等，都在强调生命本初之性情对艺术的担当和介入，是在渲染一种生命的原初活力与本真发展态势。显然，元明艺术在总体上呈现出与主流价值相背离的发展倾向，具有怪诞与启蒙的双重艺术特色；然而，对于生命的写真而言，元明艺术则无疑是更为激进与彻底的，这也能明显见出中国生命美学发展至此之于生命的建构对于艺术的深层影响与渗透。前面有了唐代艺术的激昂、宋代艺术的内敛、元明艺术的尖锐，清代艺术在生命的写真上则更为圆融和完善，即更加注重对生命整体的刻画与展现。在文学艺术上，清代诗文戏曲小说等艺术门类共同营造了一个丰富多彩的生命世界，无论是纵横驰骋的清代弥宋诗歌，还是经世实用的散文艺术，抑或出入幻城的《聊斋志异》，抑或是情思绵绵的《长生殿》，抑或是生死梦幻的《红楼梦》，都在一种兼宗古今、通融新旧的整体视阈下展现了生命存在的多姿多彩。当然，以上对唐、宋、元明、清艺术的生命写真的论述还只是从整体着眼的，是基于中国古代社会形态的稳定及其主流价值体系的定型出发的，也是基于中国生命美学生命言说的具体历史情境的。

由此看来，对中国古代艺术的审视是决然不能脱离生命的维度与视角的；以艺术化的方式将现实生命外在形象及其内在意蕴传达出来，体现了中国古代艺术深厚的生命美学底蕴与基础。

二、神韵的传达

对生命写真，对生命外在形象及其现实存在状态进行审美的传达与艺术的显现，这是中国古代艺术生命精神的一般特征；中国生命美学视阈中的古代艺术对生命的艺术表现还有着更高的美学追求——神韵的传达，即将生命的神态与气韵作为艺术生命精神的形上意蕴，追求一种生命之精气和生趣的艺术表征。

关于神韵的看法，庄子在言意关系的辩论中已有所触及，其在哲学与文学层面较为深刻地认识到了"神遇""神化"的理论意义；然而真正对生命之神韵进行充分阐释的应当是《淮南子》，"夫形者，生之舍也；气者，生之充也；神者，生之制也。一失位，则三者伤矣……今人之所以眭然能视，營然能听，形体能抗，而百节可屈伸，察能分白黑、视丑美，而知能别同异，明是非者，何也？气为之充，而神为之使也"（刘安《淮南子·原道训》）。它将生命存在分为形、气、神，形指肉身，气指人的性情等生命原质，而神则是一种无形的生命动力与表征；也就是说，形、气只是一种生命现象，而神则触及生命的内在意蕴，是生命最为活跃与本质的部分。可以说，正是由于对生命结构的深刻认识，并且基于对生命存在的体恤与重视，神（神韵）才逐步经由信仰、哲学、文学领域进入到美学、艺术领域，从而生成了中国古代艺术以神韵传达为形上旨趣的方法论与发展路径；"凡状物者，得其形，不若得其势；得其势，不若得其韵"（李日华《题马远画山水十二幅》）。就可以看作中国古代艺术进行生命精神表现的现实诉求和内在理路。当然，就生命的神韵而言，中国生命美学视阈中的书法艺术、绘画艺术和诗歌艺术对其进行了较为全面与集中的传达，并且彰显了中国古代艺术之于生命的形上言说与审美建构。

　　由于受具体艺术形态的制约，中国古代书法艺术原本就是以展现生命的流动、活泼、生气、意蕴等为基础的，生命神韵的传达自始至终都贯穿于中国古代书法艺术发展史中；可以说，一部好的书法作品，往往是一个充满神态与气韵的生命整体，是一个将鲜活飘逸且生机盎然的生命体艺术化的诉诸笔端的过程。中国早期的书法艺术实际上就是一种"线"的艺术，古人刀刻在龟甲、兽骨等上的文字，就在一种随意、错落、劲俏、协调的整体构造中展现出原始生命存在的狂野、稚拙之神态与气韵，如河南安阳出土的《祭祀狩猎填朱牛骨刻辞》。相对于早期朦

<<< 第四章 中国生命美学的艺术精神

胧、模糊的书法意识，汉魏六朝的文人雅士才真正地将生命的神韵以书法艺术的形式鲜明的传达出来了。钟繇的楷书古雅有余、笔法清劲，陆机的草书率性无束、圆浑遒劲，王羲之的书法遒媚相生、气韵淋漓，王献之的书法情驰神纵、超逸优游，它们将汉魏六朝生命那种"玄心、洞见、妙赏、深情"①的神韵以一种写意式的书法美学传达出来了。唐代的虞世南、欧阳询、褚遂良、张旭、颜真卿、怀素、柳公权、杨凝式，宋代的欧阳修、苏轼、黄庭坚、米芾、蔡襄，元代的赵孟頫、吴镇、杨维桢、倪瓒、陆居仁，明代的"三宋"（宋克、宋广、宋璲）、"二沈"（沈度、沈粲）、文徵明、祝允明、徐渭、董其昌，清代的张照、刘墉、何绍基、沈曾植、康有为等书法家，虽然他们在具体门派归属与风格上有较大差异，对生命的表现存在着不同的侧面与角度；但是，无论他们具体书法形式有何不同，他们都将对生命神韵的传达作为书法艺术的最高宗旨，"夫未解书意者，一点一画皆求象本，乃转自取拙，岂是书耶？纵放类本，体样夺真，可图其字形，未可称解笔意，此乃类乎效颦未入西施之奥室也"（唐太宗《指意》，《佩文斋书画谱》卷五）。显然，书法艺术本不在于具体的笔墨形体，而是隐藏于笔尖的生命神韵，是力求将生意蔚然、精神横溢、气韵氤氲的生命状态于有限的线性艺术之中诉诸到无限的空间，创造一种"宇宙生命与自我生命款款相合，出之以毫芒之间，天地之元气，自我之生气，最终都化而为笔下之气，生烟万状，灵韵蒸腾，一条绵延的线，界破了虚空，含纳山林，吞吐大荒，收摄宇宙，包裹混莽"②的书法圣境。因此，我们看到，中国古代书法无论是取象（线的营造）、取道（形上意蕴）、取势

---

① 冯友兰. 论风流 [J]. 哲学评论，1944 (3).
② 朱良志. 中国艺术的生命精神 [M]. 合肥：安徽教育出版社，1995：233.

（技法诉求），事实上都是寻求一种生命神韵的现实显现，是在"深识书者，惟观神彩，不见字形"（张怀瑾《书断·文字论》）的艺术表达中见证生命的内在意蕴。

中国古代的绘画艺术在生命神韵的传达上更为直接，无论是以人物为主体的人物画，还是以景致为主体的山水画，抑或是其他题材的民俗画、花鸟画，无不在一种写意的基调下传达出一种生命感，一种活泼泼的、神采盎然的、生气勃发的、灵性动漾的、幽远深阔的生命精神，"要知在天地以灵气而生物，在人以灵气而成画，是以生物无穷尽，而画之出于人亦无穷尽，惟皆出于灵气，故得神其变化也"（沈宗骞《芥舟学画编》）。中国生命美学对生命的独特言说无疑对中国绘画艺术特殊生命意识的生成影响深远，人物画与山水画所直接体现出来的对生命神态与气韵的内在追求就体现了中国生命美学关于生命的形上建构；为此，探寻中国生命美学的艺术精神，我们尤为需要关注人物画与山水画。就中国绘画发展历程而言，人物画出现较早；早期人们对生命的重视，如"惟人参之，性灵所钟，是谓三才。为五行之秀，实天地之心"（刘勰《文心雕龙·原道》）的世界观与生命观，就自然催生了以表现现实生命为旨趣的人物画。总体而言，中国古代人物画经历了由重写实到重写神的发展过程；汉代的石画像除了表现神仙灵异等"仙界"题材外，更多的还是以现实生命为主体的人物画面，如成于东汉晚期的内蒙古和林格尔汉出土的壁画，各种人物形象及其行为活动构成了一幅世俗化、尘世化的现实生活画面，写实之意极为明显。张衡指出"譬犹画工，恶图犬马而好作鬼魅，诚以实事难形，而虚伪不穷也"（范晔《后汉书·张衡传》）的倾向，强调要从现实出发而以形似作为绘画艺术的基本特性；汉魏文人的人物画也多是"为人形，丑好老少，必得其真"

(葛洪《西京杂记》),曹不兴的人物画更是"头面手足,胸臆肩背,无遗失尺度"(谢赫《古画品录》),足见其重形似的写实主义画风。而时至两晋六朝,人物画才真正成熟,一种以生命神韵的传达为主旨的人物画成了主流,顾恺之是其主要代表。顾恺之明确提出了"以形写神"的著名绘画论点,"四体妍媸本无关妙处,传神写照,正在阿堵中"(刘义庆《世说新语·艺巧》),其《女史箴图》就在皇帝的身姿与女侍的神态中传达出一种活泼的生气感,将人物特定的神气与气韵鲜明的刻画出来了。此外,顾恺之"征神见貌,情发于目"(刘绍《人物志》)的"点睛"之意与立足于以"魏晋风流"入画之旨,都是在渲染和营造一种生命的神韵之态与美。顾恺之之后,众多人物画家在生命神韵的追求上有了进一步发展,如谢赫、张怀瓘、吴道子、赵孟頫、黄休复、倪瓒、徐渭等大家,无不在一种主观心境与技法成熟的基础上注重追求精气和生趣共在的生命表征,"写神不是画工。传神者写人之精神,清奇古怪英雄相貌,移于片幅之间,非得之于心,应之于目,露之于手者,其能然乎?"(《赵氏家法笔记·传神心法》)中国古代山水画艺术从晚唐宋初开始出现了繁荣,早期的宗炳、吴道子、王维对山水画皆有一定的贡献;而直至五代,山水画才得以独立,并经由宋代的荆、关、李、范、董、巨等人的发展,遂成为众画之首。从整体来看,中国古代的人物画还主要是依据人物形象来传达神韵的,而山水画则脱离了具体人物形象,于山水笔墨之中来孕育生命的神韵;"若观山水、墨竹、梅兰、枯木、奇石、墨花、墨禽等游戏翰墨,高人胜士,寄兴写意者,慎不可以形似求之"(汤垕《画鉴·杂论》)。从某种意义上来说,这其实是追求一种画心,即以水墨替代形似,在一种空灵淡远的心境中来表现淋漓的生命神韵。为此,就中国山水画的生命精神而言,无论画家的笔墨轻重如何，所取自然山水景致如何，所用技艺手法如何，都是力图达到"凡画山水，最要得山水性情"与"山性即我性""水情即我情"（唐志契《绘事微言》）的有我之境和生命之境。在山水画中，山水往往作为一种生命精神的依托；于是，山水神韵的表达便成为生命神韵显现的客观基础，"在画为神，万象由是乎出。……如物无生意，则无生气"（布颜图《画学心法问答》）。因此，山水画家实际上更注重对神韵的传达，这种神韵不只是山水之态与韵，更是寄予山水之中的生命神韵。宋代王诜的《烟江叠嶂图》以一种空灵宏大的笔墨展现了一幅烟雾浩渺的山水画面，于云气氤氲、草树繁盛、风秀瀑急的自然山水神韵中传达出生意盎然的生命气象。马远、夏圭的山水画，在一种小景山水与残缺山水之中留下了诸多想象的空间，在对自然山水姿态的写意中流露出一种独特的生命神韵——残缺之态与忧患之韵。唐寅的《看泉听风图》于峭拔清澈悠然的山水人物之间，以神韵传达的方式刻画出"俯看流泉仰听风，泉声风韵合笙镛。如何不把瑶琴写，为是无人姓是钟。"（唐寅《看泉听风图》）的生命理想之境。总的来说，以人物画、山水画为代表的中国古代绘画艺术都自觉地将生命神韵的传达作为自身艺术境界的理想追求，"葫芦依样不胜揩，能如造化绝安排，不求形似求生韵，根拨皆吾五指栽"（徐渭《画百花卷与史甥，题曰漱老谑墨》）鲜明地体现了中国绘画艺术独特的生命旨趣。

　　中国传统诗歌艺术在对生命的写真过程中也十分注重"神"，强调将创作主体之神韵与客体之神韵通融契合，从而形成一种气韵盎然的生命境界。刘勰将哲学之"神"引入到文学创作之中，在"神与物游""神用象通"的主体心境中实现文学艺术的现实表达。此后，"神"作为一种文学艺术范畴有了长足的发展，并且逐渐形成了包括主体心境、客体意蕴，以及主客体自由交流之境三位一体的结构体系，成为一种生命精神状态的内在表征。作为中国诗歌发展史上的两座高峰，李白、杜甫的诗歌之所以光耀千载，很大程度上就是他们于诗歌之中蕴藏了生命的神态与气韵，"诗之极致有一，曰入神。诗而入神，至矣，尽矣，蔑以加矣！惟李、杜得之，他人得之盖寡也"（严羽《沧浪诗话·诗辨》）。也就是说，是否对生命神韵的传达已经成为诗歌艺术高低的一个主要标准之一，"诗无神气，犹绘日月而无光彩"（谢榛《四溟诗话》）俨然成为古代众多诗家的共同艺术操守与追求。晚明陆时雍认为"诗之佳，拂拂如风，洋洋如水，一往神韵，行乎其间"（陆时雍《诗镜总论》）。将诗境与生命之境合和相融。清代的王士禛以形外之神、声外之韵来寻求诗歌的神韵，"大要得其神而遗其形，留其韵而忘其迹，非声色臭味之可寻，语言文字之可求也"（王立极《唐贤三昧集后序》）。于清远、平淡、含蓄的诗歌艺术中流露出活泼、盎然、超脱的生命气息。翁方纲也在《神韵论》中提出"吾谓神韵即格调者"的论断，于"诗有于高古浑朴见神韵者，亦有于风致见神韵者，不能执一以论也"（翁方纲《坳堂诗集序》）的认识中为诗歌补入了厚重的内质——生命现世活动及其形上意蕴。王国维的"无我之境"与"有我之境"亦可看作对诗歌神韵的表达与追求，于一种气象浑厚的诗歌艺术中显现出"忧生""忧世"的生命意识。因此，纵观中国古代诗歌的表达方式与审美标准，其都将神韵予以拈出，在表现主客体之神韵的基础上彰显出生命的内在意蕴。

  由此看来，对神韵的传达，是中国古代艺术进行生命言说的重要艺术宗旨和生命维度，也是其进入艺术境界的必经阶段；以书法、绘画、诗歌为代表的中国古代艺术在对生命之神态与气韵的描摹和营造中更为深刻与内在的体现了生命美学的精神旨趣。

第三节 艺术境界：情思的诗化与艺境的创造

中国古代艺术很好地践行了对生命的艺术表达，而生命存在之于艺术的最大贡献无疑是对艺术境界的促生和营造。将生命的情思进行诗意化的传达，并且在一种生机盎然的生命氛围中走向一种意境的创造，中国生命美学的艺术精神得以完美的呈现与彰显。

一、情思的诗化

在中国古代，"情思"具有多种含义，或是指情意，如"视予犹父，颜子之仁也，闻命感怆，以增情思"（陈寿《三国志·蜀志·蒋琬传》）"春风也是多情思，故拣繁枝折赠君"（韩愈《风折花枝》）"此诗虽若直致，然情思深婉，怨而不露"（刘壎《隐居通义·诗歌一》），都是在情意层面上使用"情思"；或是指情感，如"情思发动，圣贤所不免也"（顾况《〈悲歌〉序》）就是在生命情感上使用"情思"；或是指情绪、心情，如"春来情思，乱如芳草"（张先《贺圣朝》）"日长睡起无情思，帘外夕阳斜"（杨慎《少年游》）就是在情绪层面使用"情思"；又或是指一种才情，如"卿为中书监，职典文辞，若情思不至，应谢所任"（赵彦卫《云麓漫钞·卷五》）"要另出主见，试试你这几年情思"（曹雪芹《红楼梦·第七五回》）就是在生命才情层面使用"情思"。纵观中国古代的"情思"，虽然其含义众多；但是，从整体上看，其主要还是指生命存在的一种心理状态与个性禀赋，是生命精神和气韵外化的一种超然表征。如何捕捉生命的情思,并且以艺术化的方式将其传达出来?中国古代艺术采取了一种诗意化的方式,即以一种情感化、审美化、超脱化的艺术形式来表现生命的温婉情意与浪漫才情。

中国古代的陶瓷、诗词、书法、绘画、建筑等艺术形态,都在各自的领域展现出对生命情思诗意化的艺术传达。中国古代有着异常丰深的陶瓷艺术与文化,先秦仰韶时代的彩陶色彩绚丽、纹饰丰富,如西安半坡出土的鱼纹彩陶盆、甘肃出土的旋涡纹彩陶壶等,都以各种食具形式艺术地表达了生命之于饮食、之于信仰、之于生存方式的美好情思。先秦时期北方的红山文化,如辽宁出土的大型石砌祭坛中的泥陶,更是直接用一种夸张的艺术化方式传达了生命对于生命繁衍的认同和感受。夏商时期陶器的形式更为丰富,而且在纹饰上也较为厚重、富丽,甚至出现有神秘化的图案,从而展现出生命较为奔放的热情与想象。周代的陶瓷在形式上华美、精致,却又不失简单素雅,在内容上丰深、尚实,却又不失威严、典雅,其在整体上透露出生命存在于礼仪化的生存方式下某种深远的生命情思。

秦汉时期的陶瓷艺术在继承早期陶瓷的形式内容基础上,在审美方面有了进一步的拓展,即在一种"大美"的原则下展现出生命更为博大的胸襟与审美关怀。此外,陶瓷由礼葬逐渐走向礼葬和日用并举,陶瓷艺术对生命情思的诗意化表达更为直接,"一种与理想生活方式相关的、偏重世俗日用的、'疾虚''崇实'的审美文化精神,正在东汉时代的随葬陶瓷工艺器物中直观地显现出来。"[①]

唐朝时期的"唐三彩"以其精湛的艺术、艳丽的色彩、热烈的纹

---

① 仪平策. 中国审美文化史——秦汉魏晋南北朝卷[M]. 济南:山东画报出版社,2000:124.

案，全方位、多角度地表现出唐代热情、开放、积极、进取的生命情思。值得注意的是，中晚唐时期的白瓷和青瓷，从另一个层面展现出唐代生命于茶酒之中寻求酣畅淋漓之快感和超脱静谧之乐感的美好情思。宋代陶瓷是中国陶瓷艺术史上难以逾越的高峰，河北的定窑、河南的汝窑、汴京的官窑、南方的哥窑、河南的钧窑五大名瓷享誉古今，宋瓷艺术中的瓷枕、瓷盘、瓷碗、瓶瓷等，更是精彩纷呈、美不胜收。宋代的陶瓷以其精美的装饰、多样的造型、丰富的色彩、细腻的质地，渗透出一种温而淡雅、飘逸委婉的生命情思。就宋代整个陶瓷艺术的审美倾向而言，其往往有着某种超凡脱俗、清新亮丽、传神尚意的生命旨趣；宋代陶瓷是以一种"有意味的形式"彰显出生命的内在情思。

明代的陶瓷艺术更为精彩绝伦，其"选料、制样、画器、题款，无一不精"（朱琰《陶说》），华美的大明五彩瓷，斗艳的彩釉瓷，斑斓的紫砂陶器，都分别以一种唯美的艺术形式体现出个性激扬、情欲张扬、囹圄突决的生命情思。清代的陶瓷艺术秉承传统，以一种仿古的瓷风表露出生命对古典深沉怀念与企望归复的浓烈情思。康熙五彩之于大明五彩的效仿与传承，青花瓷之于前朝的融会与综合，粉彩瓷之于前朝的集大成，都在一定程度上将清代生命存在的复古情思镌刻在陶瓷艺术之中了。

总的来说，生命的情思被中国古代陶瓷艺术以艺术化的方式鲜明地呈现出来了，这种呈现方式是审美的、诗意的，是一种熔铸着浓郁生命情怀的艺术境界。

作为一种用语言来诗意表达的生命情思，中国古代诗词艺术的反应是最为敏感而准确的，且其确实具有很高的成就。从远古时期的诗乐舞合一开始，诗歌就诉说着生命有关宇宙人生的忧思，所谓"诗言志，歌咏言"(《尚书·尧典》),生命存在以诗歌的方式来沟通天人,达到天、地、人三者自由交流和呼应的境地,从而将这种艺术化的境界转换为生命和谐生存的理想境界。先秦时期,随着中国社会理性精神的拓展,诗词艺术有了长足的发展,其不仅从诗乐舞中逐渐分离出来,而且出现了"立象以尽意"来表征生命抽象情思的《周易》,以及"乐而不淫,哀而不伤"表征生命具体情思的《诗经》。更为可贵的是,战国后期屈原代表的楚辞艺术,以一种奇幻奔放、绚丽多姿、个性激扬的艺术手段,淋漓尽致地将那种"离忧"之愤与"难舍"之意的生命情思鲜明地表现出来了,从而在一定的时空内造成了生命情思如诗词艺术境界一般永世长传、彪炳日月,"屈平词赋悬日月,楚王台榭空山丘"(李白《江上吟》)。

秦汉时期的诗词艺术对生命情思的表达更为诗意,其往往在一种超大的时空视阈中仰观俯察生命存在,以一种"大美"的诗意形象建构来表达出生命的雄大、闳侈、巨丽之态,汉赋即是代表。当然,汉末的《古诗十九首》等现实主义诗作,却在另外一种层面上以感性的诗意化方式,展现出现实客观世界中的生命情思。

魏晋南北朝时期的诗词艺术对于生命情思的传达无疑是最具诗意的,慷慨悲凉的建安诗歌、超俗绝伦的正始诗歌、洋洋清绮的西晋诗歌、忘情物我的东晋诗歌,却都在一种黑暗且不自由的现实社会中,以一种艺术化的手法诗意地传达出生命的各种超越情思。为此,从魏晋南北朝的诗歌艺术中,如悲凉沧远的曹操诗歌、华丽忧伤的曹植诗歌、孤独洒脱的"七贤"诗歌、和乐平淡的陶渊明诗歌、清新赏心的谢灵运诗歌……我们不仅从中看到了诗歌艺术的高超与圆熟,生命存在的艰辛与执着,而且更是看到了某种"宅心高远"的生命精神与生命理想,而这正是诗歌艺术对生命情思进行诗意化表达之所在。

隋唐时期，诗词艺术对生命情思的诗意传达呈现出缤彩纷呈的局面。初唐时期，"宫体诗"之于生命脂粉绮罗情思的艺术传达，"四杰"之于生命江山朔漠情思的艺术传达，陈子昂之于生命天地悠悠情思的艺术传达……盛唐时期，道家诗派之于生命有关自然自我情思的艺术传达，佛教诗派之于生命有关自性本在情思的艺术传达，儒家诗派之于生命有关家国血缘情思的艺术传达……中晚唐时期，"浅切"诗派之于生命有关伦理政治情思的艺术传达，"险怪"诗派之于生命有关遗世高蹈情思的艺术传达，"隐逸"诗派之于生命有关圆通澄澈情思的艺术传达，杜牧诗歌之于生命有关哀婉幽怨情思的艺术传达，李商隐诗歌之于生命有关不解之情思的艺术传达……都在不同的层面以极为诗意化的方式彰显出生命的各种情思。

宋朝时期，诗歌艺术以一种思虑精微的手法将生命的幽幽情思诗意的传达出来了；更为重要的是，代表宋代诗词艺术最高成就的词大放异彩，如柳永、苏轼、黄庭坚、秦观、李清照等各领风骚，"俚俗""豪放"与"婉约"刚柔并进，共生同长，在一种"要眇宜修"（王国维《人间词话》）的参差形式美中诗意地表现出生命细腻而深远的情思。明清时期，小说繁盛，诗词艺术虽然难以逾越前人成就，却仍然在追踪"古迹"的过程中诗意化地诉说着生命的情思。

总的来说，对生命情思的诗化，这本来就是中国诗词艺术的题中之义，中国古典诗词所创造的艺术境界都离不开对生命情思的捕捉、升华，以及诗意化的传达。

中国古代的书画艺术不仅仅只是线条、色彩的艺术，其在艺术境界的追求上往往讲究对生命情思的诗意传达，是一种艺术生命化和生命艺术化的双重体现。先秦时期，尤其是在殷商时代，已经出现了一批独具风貌的有关"线"的艺术作品。这些刻在甲骨上的文字在直线、横线、斜线的分布上"瘦劲有力"，字体结构大小参差、长短不一，显现出一种天然的协调与朴拙之美。显然，殷商时代的"线的艺术"最为生动地将此时期生命的本真状态表现出来了，"甲骨文的笔法、字体、构篇给人的整体感受是稚拙、有力、随意、错落，仿佛把先人们草创文明时那种拙而用力的精神都融了进去"①，从本质上看，这样一种书法艺术是生命情思的诗意化传达。值得注意的是，战国时期的绘画艺术也达到了很高的艺术成就，早期的夔龙凤鸟、饕餮怪兽等图画已经多为大量朴实、多彩的生活场景画面所取代，如四川出土的《宴乐射猎攻战纹铜壶》，描绘生动优美，刻画精彩纷呈，场面热闹非凡，极为形象地再现了当时的生活面貌，鲜明地传达出生命的审美情思。当然，像这样附着在器皿上的绘画图案还有很多，如淮阴高庄墓中的《宴饮纹盘》，河南辉县出土的《狩猎纹壶》等等，都通过古拙平板、剪接粗放的绘画艺术直达生命的本源，用一种似乎不太成熟的艺术方式将生命的情思生动而形象地传达出来了。此外，春秋战国时期的书法艺术也有了更进一步的发展，竹简、帛书、铭器、石刻、墨迹等材质所形成的"线的艺术"比比皆是，如竹简文、帛书的圆活朴拙，铭文的端重规整，石刻文的圆劲凝练，墨迹文的自然粗率，它们都以一种多姿多彩、特征各异的艺术风格传达出春秋战国时期生命的激情个性与审美情思。

秦汉时期，中国的书法艺术达到了很高的高度，隶、楷、草、行等书体的出现和繁盛，使秦汉的书法艺术在中国书法史上画上了浓重的一

---

① 廖群. 中国审美文化史——先秦卷[M]. 济南：山东画报出版社，2000：108.

笔。秦汉的书法艺术不仅展现其艺术上的成就，而且以其鲜明的特色艺术化地再现了生命的审美情思，所谓"书者，散也。欲书先散怀抱，任情恣性，然后书之"（蔡邕《笔论》）。仅以碑刻隶书为例，汉代碑文尤其是东汉碑文以其异彩纷呈、绚丽多样的艺术风采将生命的情思用一种飘逸的、诗性化的"线的艺术"传达出来了。它们或厚重雄浑、遒壮有力，如《衡方碑》；或典雅方正、秩序井然，如《汉石经》；或飘逸俊朗、恣意自由，如《曹全碑》，这些不朽书法典范之作不仅体现出对具有艺术性、观赏性、审美性书法风格的自觉追求，而且其真正是以一种较为成熟、具化的艺术手法对生命的审美情思进行某种传达，从而能够使书法作品在艺术境界上表露出鲜活的生命气息。秦汉时期的绘画艺术也是值得关注的，在秦汉之初以及更早的一段时期内，中国古代的绘画作品都主要是以怪兽、神仙，以及与之相关的事项作为主题，在艺术境界的追求上也更为缥缈与幻化；而汉末，这一现象发生了重大变化，中国古代绘画自觉地走向了"人间"，开始注重用一种较为现实的手法直抒现实世界中生命的情思；为此，有学者认为，"吾国明了之绘画史，可谓开始于炎汉时代"[1]，其正是看到了汉代绘画崇实质朴的生命情怀。

到了魏晋南北朝时期，中国古代的书法绘画艺术可以说是生命的真实写真，其对生命情思的诗意传达比以往都更为直接和彻底。由于魏晋南北朝时期特殊的社会时代背景，生命的生存困境被无限地放大，与之相对应，对生命的哀叹与诉求也得到了无限的关注；为此，除了文学之外，书法绘画艺术就成为个体生命寄托情思的最佳方式。在绘画方面，

---

[1] 潘天寿. 中国绘画史［M］. 上海：上海人民美术出版社，1983：16.

人物画、山水画在形神之间为生命的理想超脱提供了途径，顾恺之、宗炳、谢赫等为代表的绘画家分别以个性化的绘画艺术追求展现出生命客体的形神状态，以及其所寄予的审美情思。相传为顾恺之的摹本《洛神赋图》，讲求"实对"，将画中人物深情默默、痴意怅然的生命情思缓缓地表露出来了。宗炳的山水画强调对"精神"的展露，将生命由外而内、由形而神的情思与心灵轨迹细致地刻画出来了；况且，他那"抚琴动操，欲令众山皆响"（《宋书卷九十三·列传第五十三·隐逸·宗炳》）的艺术境界追求，分明指向了对生命情思的一种诗意表达。在书法方面，魏晋南北朝时期的书法家以一种任心的艺术心境将书法从象形引向了表意，从书写实用引向了书法审美的向度，从而在一种生命情怀中尽情地传达生命的情思。比如钟繇楷书的绝妙刚柔、清劲难攀的艺术境界，陆机草书的枯锋圆浑、率性自然的艺术境界，王羲之草书贵越群品、古典中和的艺术境界，王献之行草墨迹的法度森严、超逸优游的艺术境界，都充溢着浓厚的生命情思与生命气息。当然，这一时期最为著名的当属"天下第一行书"《兰亭序》，王羲之截取书法艺术之所长而成中和之美，将笔与意、骨与肉、形与神、刚与柔综合地展现出来；进而在一种宇宙时空内尽书法艺术境界之极限把生命之叹和生命情怀与思量彰显得淋漓尽致，是对以兰亭群士生命之韵的一次集中表达，"兰亭之趣，是书法、诗歌、山水的统一，贯串于其中的，是晋人风韵。"[①]

  隋唐五代时期，中国书法绘画艺术在生命情思的诗意传达方面有了长足的发展。在书法艺术方面，虞世南内含刚柔近得"二王"的书法艺术境界，欧阳询外露筋骨、峻于古人的书法艺术境界，褚遂良博采众

[①] 张法. 中国美学史［M］. 成都：四川人民出版社，2006：98.

长、似是而非的书法艺术境界，薛稷疏朗遒逸的书法艺术境界，张旭剑气情长的书法艺术境界，颜真卿浩气凛然的书法艺术境界，怀素亦幻亦真的书法艺术境界，柳公权法严意重的书法艺术境界……都蛰伏着一种浓厚的生命情思。在绘画艺术方面，阎立本、尉迟乙僧、吴道子、张萱、周昉、李思训、孙位、贯休、周文矩、顾闳中、荆浩、关仝、董源、巨然……或以场景之阔，或以物象之聚，又或以人物之躯，或以山水之态，寄之以极为诗意化的线性艺术，将生命的审美情思与现实情态极为张扬的传达出来了。例如给后世留下深刻印象的吴道子，其画作就是生命情思与艺术灵性的巧妙结合，其作画往往"好酒使气，每欲挥毫，必须酣饮"（张彦远《历代名画记》），从而使其绘画艺术境界能够"处得以狂"而"得其怀中"。

宋代的书法绘画艺术以另外一种风貌和艺术境界将生命较为内敛气重的审美情思传达出来了。李建中、欧阳修、苏轼、黄庭坚、米芾、蔡襄等人将尚意倾向打入到粗线条为载体的书法艺术，将当时期生命存在那种玩赏、雅趣、闲适、高蹈的情思用一种艺术的境界表征出来了。在绘画方面，北宋时期，民间画家、画院画家、文人画家三大群体齐争鸣，形成了民俗画、花鸟画、山水画共同繁盛的局面，如张择端的《清明上河图》、宋徽宗的《柳鸦图》、范宽的《雪景寒林图》……皆是不朽精品，且在以生命情思传达为宗旨的艺术境界营造上颇为用心和精进。南宋时期，绘画艺术更为直接地暴露出了生命的审美情思，无论是衔冤含恨的人物画，还是残山剩水的山水画，抑或是折枝败叶的花鸟画，都体现出对生命情思——对现实愤懑和遗恨，对生命存在的忧虑和凄婉的集中反映和诗意传达。

明清时期，中国古代的书法绘画艺术走向一种注重个性特色与归宗

172

复祖的艺术境地。在绘画方面，有明一代画家往往于精彩绝美的绘画技艺中再现生命气韵盎然、世俗奇艳的审美情思；而清代画家，无论是以王时敏为代表的"四王"，还是较具影响的吴历与恽格，都在尚古艺术境界的营造之中流露出生命情思的某种古雅遗风。在书法艺术方面，清代的书法艺术极为高超，董其昌萧散古淡的书法艺术境界，刘墉质朴敦厚的书法艺术境界，傅山狂放险怪的书法艺术境界，以及以粗放刚强为主要艺术境界的碑学书法和以富圆多彩为主要艺术境界的篆刻印章书法，都在古代社会末期大放异彩，并且站在一种较高的艺术层面进行着古典生命情思的最后传达与诉说。

总的来说，中国古代的书法绘画艺术在艺术境界的营造上是以生命情思的诗意传达为宗旨的；可以说，中国古代书法绘画的艺术境界即是有关生命的境界，是气韵生命的一种艺术化再现。

我们再来看中国的建筑艺术，其同样将生命情思的诗化作为自身艺术境界建构的必然旨归。先秦时期的城池宫室建造就十分讲究规范，如"有以高为贵者。天子之堂九尺，诸侯七尺，大夫五尺，士三尺"（《礼记·礼器》），其往往是将生命有关礼制的情思移植到建筑艺术中去了，从而使建筑艺术透露出一种生命的情怀与遥思。同样，在宫室的摆设方面，先秦时期也极为讲究，如孔子对"反坫"而引发"孰不知礼"的阐发，显现出宫室艺术浓厚的生命等级秩序。也就是说，中国古代的建筑艺术从一开始就打上了生命的烙印，并且立足于将生命的情思，尤其是将生命有关存在秩序及其理想态势的断想作为自身艺术境界建构的基本源泉。

秦汉时期，各种建筑都彰显出一种"大"的审美风貌，从而契合了秦汉"大一统"家国体系的建构，也是对生命情思无限"壮大"与

"巨丽"的一种艺术化再现。秦汉时期的都城整体规划有序、规模宏大，体现出某种特有的整肃、威严、永恒的气象，这其实是一种生命情思的外在体现，即所谓"夫天子以四海为家，非壮丽无以重威，且无令后世有以加也"（司马迁《史记·高祖本纪》）。在宫苑建造上，秦汉时期的宫苑也是注重"大美"气象的营造，如阿房宫、未央宫、上林苑等，均在一种粗狂的规模铺展中将生命的穷极之情思艺术化的传达出来了。此外，秦汉时期的陵墓建筑也鲜明地流露出对生命这种"大美"情思的审美传达，如"山陵"之巨大，尤其是闻名古今中外的秦始皇陵，以一种极目苍茫之"天工"彰显出崇高、持久、大美的生命审美情思。

在建筑艺术方面，隋唐建筑气象万新，长安、洛阳的都城与宫苑建筑，久负盛名的大、小雁塔，令人神思向往的昭陵与乾陵，恢宏壮阔的龙门石雕、乐山大佛、莫高窟，都以其较为完美的艺术形态将唐代生命存在的开放胸襟，以及朝气进取的情怀与哲思鲜明地传达出来了。可以说，隋唐时期的建筑艺术不论在艺术构造上，还是审美追求上，抑或是对生命情思的诗意传达上，都达到了登峰造极的高度。后世中国的建筑艺术也有了长足的发展，其尤在园林建筑上达到了很高的艺术境界。关于园林建筑艺术，清代园林的繁盛无疑最为值得关注；诸如皇家园林的代表圆明园、颐和园、承德避暑山庄，以其庞大的规模、丰富的摆设，以及精湛的技艺而成为中国建筑史上的典范和瑰宝。然而，在清代，私家园林的繁盛更具代表性，其在审美追求、艺术精神和生命情思方面结合得更为完美与典型。在魏晋南北朝时期，私家园林就已经出现了，且初具规模，而真正将私家园林推置到无以企及的高度的当属清代。清代私家园林遍布南京、扬州、常州、无锡、苏州、杭州等地，其以自然之美，将人文与山水相结合，在一种叠石溪水、亭台廊榭、鸟语花香的景观塑造中彰显出诗意的生命，并且寄予生命的情思于自然，成就自然生命之美与趣。清代私家园林最为直接地表现了生命的审美情思，将生命浓厚的古雅趣味和情调融入无限的自然之中，从而造就了一种生命盎然、自然清放的纯美艺术境界。

总的来说，中国古代的建筑艺术在设计与建造理念上极大地融入了生命的情思，将对生命的审美观照与传达作为艺术境界的不懈追求，在传统儒道生命精神与精深艺术理念的交媾中树立了一座座华夏丰碑。

综上所述，中国古代的诸多艺术形式均对生命的情思进行了传达，并且在传达过程中注重生命气韵和精神与艺术手法与形式的融合，从而在一种生命情思诗意化与艺术样态生命化的双向互动中走向了对各自艺术境界的现实营造。

二、艺境的创造

宗白华在自己的文集《艺境》的《前言》中声称自己"终生情笃于艺境之追求"，以为"人生有限，而艺境之求索与创造无涯"①；事实上，从中国美学史的角度来概观，艺境同样是中国古代生命美学的不懈追求，所不同的是，与一般的艺境不一样，生命美学视阈下的艺境是生命与艺术的有机结合与贯通，是生命氤氲妖娆和艺术景观繁生的完美境地。

关于艺境的创造，中国生命美学的各种形态都展开了自身的言说；在此，我们不打算就其艺境构成的原则作一番论述，诸如"外师造化，

---

① 宗白华. 艺境·前言 [M]. 北京：北京大学出版社，1989：   .

中得心源"(张璪《历代名画记·绘境》)的创造论之于灵感与天才的诉求,又如"俯仰往还,远近取与"① 的方法论之于感官的要求,再如"不以虚为虚,而以实为虚,化景物为情思"(范晞文《对床夜语》)的本体论之于物我相生的渴求,这些都是对艺境构成机制的一般性阐释,我们在此所要关注和强调的是,中国生命美学是如何将生命与艺术联姻,进而走向一种艺境创造的?我们认为,中国生命美学的三种形态在艺境创造上分别走出了三种不同路径:伦理生命美学的艺术人生之境、自然生命美学的艺术天然之境、心理生命美学的艺术化然之境。

在艺境的创造上,中国伦理生命美学立足于将生命所担负的伦理责任与义务化为某种艺术形态,进而在艺术与生命的交媾中实现一种艺术人生之境;简而言之,就是在艺术中见出伦理生命的诗意人生。以例为证,如"感时花溅泪,恨别鸟惊心"(杜甫《春望》),一句简单的诗句,就将生命自身所带有的伦理道德以艺术化的手法表露出来了,并且将这种伦理道德内化为一种艺术人生境界——花鸟泪恨之世界,即用"花溅泪""鸟惊心"表征出伦理生命履行责任与义务的一种艺术心境和生命征途。这实际上是一种生命的真实写照,它鲜明地体现出杜甫在家国忧恨与艺术追求两个层面的有机化合,在深层次上指向对艺术人生之境的完美追求。在中国伦理生命美学视阈中,艺境的创造已经成为生命体态彰显与绽放的必然要求;可以说,艺术人生之境充盈在中国伦理生命美学的各个发展阶段。在早期的伦理生命美学中,艺术人生之境多体现出"吾与点也"的自由伦理之境。事实上,在这一时期的伦理生命美学看来,生命的最高显现不是治理千乘之国的政治伟业,也不是实

---

① 宗白华. 宗白华全集·中国艺术意境之诞生[M]. 第2卷,合肥:安徽教育出版社,1994:439.

施礼乐教化的道德宏业,更不是所谓尽善尽美的"宗庙之事",而是一种"咏而归"的自由境界——"吾与点也"。其实,在生命实现方式上,"吾与点也"是追求一种"游",是将艺术人生之境转化为"游"和"玩"的境界。为此,我们看到,孔、孟皆周游列国,屈原游历绮梦;虽然其在具体生命存在方式上不够安定和富足,但是,这也因此成就了他们"游"的艺术人生之境——于一种游玩(即使颠沛流离)的情境中显现出艺术化的人生境界。"大一统"家国体系建构以后,中国伦理生命美学的艺境创造更为显现和突出,生命存在甚至直接将艺术人生作为自身伦理道德实现的最高宗旨。与早期所不同的是,这一时期的艺术人生之境不再是纯粹的"游"和"玩"的境界,而是走向了一种"居"的境界——庙堂、中堂、山林,三种不同的"居所"彰显出伦理生命美学有关艺术人生之境创造的三种不同实现路径。居庙堂之高位,"先天下之忧而忧",将生命的最高价值烙印在伦理政治体制之中,在一种制度之美、秩序之美(如典章、诗词、音乐、仪式)中走向一种艺术化的人生之境,这是中国伦理生命美学艺境创造最为倚重的方式和路径。如韩愈文章载道而不平则鸣,杜甫诗文抑郁顿挫而胸怀家国,颜真卿书法法度森严而浩然正气,他们都于"秩序化、程式化、符号化的规则和习惯"[1]中寻找到了生命与艺术的联姻,进而实现了艺境的创造。居中堂,尽伦理而成孝敬,将生命的最高价值熔铸在父子伦理纲常之中,在一种人伦之美、和谐之美(如宗法、诗词、礼仪)中走向一种艺术化的人生之境,这是中国伦理生命退而求其次的艺境创造方式和路径。如宋词之婉约、俚俗之维,柳永、晏殊、秦观、李清照等人,就

---

[1] 陈炎. 多维视野中的儒家文化 [M]. 济南:山东教育出版社, 2006:74.

将艺术的视线投向民间或家庭伦理,将生命的凄清动人、深情尊厚与诗词的细腻婉转、典丽含蓄相结合,形成了一种伦理情长、人间有爱式的艺术化人生之境。居山林,隐而不退时序百年心,将生命的最高价值放置于伦理山水之中,在一种"比德"视阈下的山林之美(如绘画、书法)中走向一种艺术化的人生之境,这是中国伦理生命美学"无可奈何"而求之的艺境创造方式,却也是艺术与生命结合最为完美的一种表现形式。如南宋的绘画艺术,刘松年、马远、夏圭等所开创的"残山剩水"绘画新风,就很好地于山水自然中渗透出伦理生命之思;可以说,他们作品的艺境很好地融汇了生命与绘画艺术手法,展现出一种别致的艺术化人生——残缺人生之境与美。总的来说,中国伦理生命美学将生命伦理道德与具体的艺术形态相结合,以生命诗意的存在为结穴,从而建构起一种艺术化的人生之境。

在艺境的创造上,中国自然生命美学立足于将生命融入自然之中,在一种自由圆融、天然清新的场域中彰显出生命的艺术魅力,从而形成艺术天然的纯美之境。以老、庄为代表的早期自然生命美学家将关注的视野移入"性"与"天道",将生命存在从各种繁文缛节与等级规范中解放出来,"绝圣弃智,民利百倍;绝仁弃义,民复孝慈;绝巧弃利,盗贼无有"(《道德经·第十九章》),从而将其放回自然,还原生命的"此在"。也就是说,早期的自然生命美学在生命言说上主张以朴素自然为基础的"无为";为此,在艺境的创造上,那种自然无痕、清新洒脱的艺术风格也就自然的与自然生命美学视阈中的生命理念相吻合,并最终走向一种艺术天然之境。在老子那里,最好最美的艺术是"大音希声,大象无形"(《道德经·第四十一章》),"五色""五音""五味"皆破坏生命的本源,只有合乎自然的平、淡、素、朴才能在无限的时空中表征生命之美。老子反复倡导"大美无美"的生命逻辑和艺术法则，其本质上是在寻求一种生命超越之美，是生命超越现世美丑系统之后的一种生命与艺术耦合相生的天然之境。庄子以"通天下一气耳"（《庄子·知北游》）阐释生命本体，并且以道观生命，将生命的自由天然之态作为生命美的必然之归，从而在剔除"失性"之美的前提下走向了一种生命本然之境。在庄子那里，"美者自美"，而且这种"美"是必不能"屈折礼乐以匡天下之形"（《庄子·马蹄》），其在艺术形态上则显现为"真人""真乐""真技"，是一种原生态的，没有被世俗污染和压抑的，且充满生命气息的纯美艺术形式。为此，我们看到，庄子散文在"逍遥"的基点上所渗透出来的生命自在与艺术自由的那种双向融合之境，这种境界是那么的自然、自由、无束而令人畅想，这种境界实际上表露出庄子之于艺境创造的一般法则——艺术天然之境。当然，后来的自然生命美学——玄学美学有关生命艺术的言说，其或许少了些许老、庄式的超脱和浪漫，多了几许忧愁和迷茫，但是，它在艺境的创造上仍然追求一种艺术天然之境。如关于音乐的"声无哀乐"论之于音乐艺术自主性的突显，以及由此触发的对琴、箫两种音乐形式背后音乐生命宇宙的揭示；又如关于诗文的"生命咏叹"论之于诗文艺术生命本体的彰显，以及由此引发的对生命有限的艺术思考；又如有关绘画的"以形写神""澄怀味象"说之于绘画艺术理念的传达，以及由此表露出的对于生命虚灵性与内在气韵的艺术把握和审美观照；再如有关园林的"适心""惬意"说之于园林艺术审美趣味的发掘，以及由此表现出来的生命风度与生命情致；都在一定程度上指向了生命自在与艺术自由的相统一与化合。为此，我们发现，玄学美学视阈下的艺术生命其实是在一种生命与自然艺术天然契合的场域中实现了自我呈现和彰显，

"逍遥陂塘之上，吟咏苑柳之下。结春芳以崇佩，折若华以翳日。弋下高云之鸟，饵出深渊之鱼……何其乐哉！虽仲尼忘味于虞韵，楚人流遁于京台，无以过也"（应璩《与从弟君苗君胄书》，《昭明文选·卷四十二》）。生命存在于自然山水中畅游，这是何等的自由，何等的诗意，何等的优雅，何等的融洽，何等的艺术啊！总的来说，中国自然生命美学将生命天性与本然状态和具体的艺术形态相结合，以生命存在与艺术的天然契合为中轴，并围绕其进行了一系列的艺术表达，最终走向了对艺术天然之境的创造。

在艺境的创造上，中国心理生命美学立足于将生命理想状态寄托于内在心灵之维，试图将生命具体存在内化为具有通透轻灵、自由超越生命心理特征的艺术形态之中，从而最终走向一种艺术化然之境的创造。具体而言，所谓"化然"意指"与造化争衡，可以意冥，难以言状"（皎然《诗式》）之态，是一种心灵透析无痕、天生化成之势；中国心理生命美学追求的是艺术与生命的灵性交汇，是在形上层面探讨艺术生命的现实显现方式。在中国心理生命美学视阈中，"心"始终是一个较为特殊的"在"，不仅生命可以内化为"心"，而且各种艺术形态也需要经过"心"的建构，正所谓"目击其物，便以心击之，深穿其境。如登高山绝顶，下临万象，如在掌中。以此见象，心中了见，当此即用"（王昌龄《诗格》）。当然，由"心"所造之艺境必然是一种化然之境——生命心灵与艺术特性的有机化合与完美对接。王维之诗画常被誉为"在泉为珠，着壁成绘，一字一句，皆出常境"（殷璠《何岳英灵集》卷上），其所造艺境囊括艺术灵性与生命禅机，可以说其旨甚远，其境甚大。又如"何意欲归山，道高由境胜。花空觉性了，月静知心证。永夜出禅吟，清猿自相应"（皎然《送清凉上人》），亦是将"心"

与山花静月、永夜猿声相化合,创造出一种"境静万象真"的艺术化然之境。在艺境创造上,中国心理生命美学强调"化",而在艺境表现上,其则强调"浑",这种"浑"是一种浑然天成、朦胧含混之美,如"空中之音,相中之色,水中之月,镜中之象,言有尽而意无穷"(严羽《沧浪诗话》),即使在具体艺术形态相关手法穷尽的时候,也能于"心"之内外"妙悟"化然境界之无穷旨意。可以说,在艺境的创造及其表现上,中国心理生命美学很好地将生命心性与艺术灵性相化合了,从而也使生命美学关于艺术精神及其境界的表达更为超越和脱俗。我们看到,在中国艺术史上,对艺术化然之境的经营比比皆是,而且也留下了不少典范。魏晋南北朝时期的文人志士在音乐、诗文、绘画、书法等方面之于内在心性的揭发与艺术灵性的把握,如那夹杂着生命情怀而绝无仅有的《广陵散》,那流露出生命内在苦痛而历历在目的"古诗"谣,那渗透着生命余味而深厚隐蔚的"人物山水"群象,那表现出生命虚无幻化而绝代所无的《兰亭序》……都在自我心灵超越中实现了与各种艺术结构形式的同构对应,互契交融,最终生成了一种艺术化然之境。唐宋时期,文人志士们在生命内在心性与艺术灵性的结合上更为圆融,如王维书画诗文艺术的"有无"之境,怀素书法艺术的"出神入化"之境,司空图诗文的"象味"之境,宋代诗画艺术的"淡雅"之境,都彰显出艺术化然之境的玲珑剔透、了无痕迹之美。明清时期,中国心理生命美学视阈中的艺术形态在艺术化然之境的营造上更为注重生命内在心性的表达,如李贽诗文艺术的"童心"说,直指生命的心性,将生命内心"绝假纯真"的指向诉诸具体可感的艺术形态,从而达到一种"意者宇宙之内,本自有如此可喜之人,如化工之于物,其工巧自不可思议尔"(李贽《杂说》)的"化工"之境。公安三袁也是强调艺术要

"独抒性灵",力求获得一种"趣如山上之色,水中之味,花中之光,女中之态"(袁宏道《叙陈正甫会心集》)的"趣"境。总的来说,中国心理生命美学以"心"与境偕为重心,将生命心性与具体艺术形态之特性相契合与贯通,进而追求具有"韵外之致"的艺术化然之境。

综上所述,在艺境的创造上,中国生命美学各种形态分别以不同的路径予以阐释和实践。在中国生命美学视阈中,艺术不再是"宇宙生命节奏的自身显现,而是宇宙生命节奏与艺术家心灵节奏的共鸣与交响"[1];为此,它所企求的必然是"心灵所直接领悟的物态天趣、造化和心灵的凝合"[2],是一种充盈着生命热情与内蕴,以及艺术精神与气韵的纯美艺境之创造。这种境界可以是艺术人生之境,也可以是艺术天然之境,亦可以是艺术化然之境。

---

[1] 汪裕雄、桑农. 艺境无涯——宗白华美学思想臆解 [M]. 合肥:安徽教育出版社,2002:295.

[2] 宗白华. 宗白华全集:第2卷 [M]. 合肥:安徽教育出版社,1994:372.

第五章

中西生命美学之比较

中西美学都有关于生命存在及其发展态势的审美言说；然而，由于文化语境及其现实情境的不同，一方面，中西生命美学形成了不同的存在形态，体现出一些特征上的差异。另一方面，中西生命美学虽然于各自的形态中生成了独特的品性，彰显出自身的发展路径与理论诉求；但是，中西生命美学在生命的形上追求方面却体现出殊途同归的发展倾向，即都在表达对生命存在及其发展关注的同时，体现出寻求生命审美化存在与发展的形上旨趣，从而在特有的视阈中实现对生命的审美建构与美好承诺。

第一节 形态比较：中西生命美学的特征差异

中国古代思想文化体系具有丰深的生命智慧，并由此形成了伦理生命美学、自然生命美学、心理生命美学三种基本形态与发展向度；可以说，中国古代美学发展潮流中时时刻刻流淌着关于生命的审美言说。相对于中国美学固有的生命维度，西方美学长期处于认识型与知识型的发展路径之中，其真正介入到生命的言说则是在19世纪以后了。总的来说，西方生命美学形成了身体生命美学、存在生命美学、实践生命美学三种基本形态，从而体现了与中国生命美学不一样的具体形态和特征差异。

一、身体之维：中西生命美学特征差异之一

作为生命存在的形体与物质性基础，身体构成了西方生命美学的一个基本出发点，并由此形成了以身体为中心的基本美学形态——身体生命美学。身体生命美学在自身的视阈中展开了大量的有关身体的言说，其对身体的肯定与重视，将身体作为生命存在及其审美显现的必然归属——"对于一个人的身体——作为感觉审美欣赏及创造性的自我塑造场所——经验和作用的批判的、改善的研究"[①]，从身体的美学维度来彰显生命的存在及其发展态势，形成了区别于中国生命美学的显著特征。

西方身体生命美学的建构是一个动态的生成过程，从叔本华、尼采、狄尔泰，到梅洛-庞蒂，再到大众文化视阈下的身体美学，构成了身体生命美学的逻辑发展进程。长期以来，西方古典美学往往专注于"美是什么？"的逻辑论断，或者在一种精神想象中将"美"抽象化、哲理化、神秘化，这就使其在一种独断式的知识推理和精神遥想中采取了把生命存在进行搁置的态度，从而造成了"生命"在西方美学历史发展中的缺席。而笛卡尔"我思故我在"的命题在突显主体性维度的同时，也在一定程度上加重了身心的分裂与二元对立；这种状况使原本

---

① [美]理查德·舒斯特曼. 实用主义美学——生活之美，艺术之美[M]. 彭锋，译. 北京：商务印书馆，2002：354.

<<< 第五章 中西生命美学之比较

远离"生命"的西方美学更加朝着理性化、精神化、抽象化的方向发展。也就是说,"生命"问题在西方美学中一直悬而未决。然而,随着生存困境的加剧,以及身心二分带来的认识迷局,"生命"问题从 19 世纪开始越来越走向显性层面,并且潜在地冲击和颠覆着既有的美学体系。当然,这一突破口首先是以"身体"的面向出现的;叔本华就宣称"人比其他一切都要美,而显示人的本质就是艺术的最高目的"①,并且将作为"意志"自由表征的"身体"突显出来了,"尽管他的认识是作为表象的整个世界以之为前提的支柱,这种认识毕竟是以一个身体为媒介而获得的。身体的感受,如已指出的,就是悟性在直观这世界时的出发点。"② 虽然叔本华主要游走在"意志"层面进行美学的创建,也没有明确将"身体"作为其美学的主体对象;但是,他却鲜明地指出了"身体"之于"意志"的重要性,并且在合乎"意志"的前提下赋予了"身体"应有之美感,"优雅以所有一切肢体的匀称、端正谐和的体形为先决条件,……所以优雅决不可能没有一定程度的体形美。"③这对于已经极端抽象化、精神化的西方美学具有重要的解构意义。

尼采对"身体"的阐述更为明确和彻底,而且初步建构了以"身体"为中心的生命美学体系。尼采从感性世界的真实性与唯一性入手,在否定"上帝"的"重估一切价值"的尝试中,树立了"肉身"的合法性与合理性地位,将传统精神超越的审美状态转换到了对丰盈、饱满、自由"肉身"的肯定与激发,于生命力的强盛中显现出"身体"的美学意蕴。总的来说,尼采的身体生命美学建构主要体现在以下几个

---

① [德] 叔本华. 作为意志和表象的世界 [M]. 北京:商务印书馆,1997:293.
② [德] 叔本华. 作为意志和表象的世界 [M]. 北京:商务印书馆,1997:150.
③ [德] 叔本华. 作为意志和表象的世界 [M]. 北京:商务印书馆,1997:311.

方面：其一，对"肉身"的直接肯定与张扬。尼采对基督教残害"肉身"的做法极为愤慨，其直接站在反"基督教"、反"上帝"的立场进行批判，重塑"肉身"的合法性地位。他指出，"盲目信仰基督教，此乃头号大恶——对生命的犯罪"①，强调"我整个地是肉体，而不是其他什么；灵魂是肉体某一部分的名称"②，"信仰肉体比信仰精神更具有根本的意义，因为后者乃是对肉体垂死状态的非科学观察的结果。"③ 在此，尼采于"肉身"的张扬中已经实现了从精神到身体、从抽象到具体，从理性到感性的转变与回归。其二，对"肉身"感性活动的美学把握。尼采不是一般意义上重视"肉身"，而是在"节日的狂欢"中体验到"肉身"所带来的审美愉悦与快乐。尼采将"肉身"的感性活动称为"兽性"或"生命力"，认为这是美和艺术得以显现的力量源泉和内在保证，"兽性快感和渴求的细腻神韵相混合，就是美学的状态。后者只出现在有能力使肉体的全部生命力具有丰盈的出让性和漫溢性的那些天性身上；生命力始终是第一推动力。"④ 事实上，尼采将身体作为了美学的审美对象，将身体的充溢状态作为美的标志，体现出浓厚的生命情结。其三，"超人"形象的典范意义。尼采对"肉身"的重视与审美体验，最终指向的是一种"超人"形象的建构。尼采的"超人"形象不仅具有"强力意志"，而且是充满着生命的力与光，其首先体现

---

① [德]尼采.权力意志——重估一切价值的尝试[M].张念东，等译.北京：商务印书馆，1996：104.
② [德]尼采.查拉图斯特拉如是说[M].尹冥，译.北京：文艺出版社，1987：43.
③ [德]尼采.权力意志——重估一切价值的尝试[M].张念东，等译.北京：商务印书馆，1996：205.
④ [德]尼采.权力意志——重估一切价值的尝试[M].张念东，等译.北京：商务印书馆，1996：253.

在"肉身"的健康与超常,"强力乃是肌肉中的统治感"①;为此,"超人"形象就其出发点而言,仍旧是基于身体生命美学视阈中的"身体"观念的。可以说,尼采对身体生命美学的开创是富有成效的,虽然其"超人"形象以一种"更高级"的存在态势体现出与神学殊途同归的倾向——走向身体的工具论和形而上学;但是,对于能否将"肉身"作为一种美学"宣言"而贯彻始终,尼采则是坚定不移和至死不渝的。

对西方身体生命美学的梳理,我们还必须要留意到狄尔泰和梅洛-庞蒂所做的历史贡献。作为哲学家的狄尔泰以其特有的"生命"概念赋予了"身体"更为完整的形象,在对"身体"系统化、生活化、历史化进程的阐发中介入到有关身体生命美学的相关言说;虽然狄尔泰在美学上并没有过多地展开与阐发,但是其以身体为起点的整体论生命美学踪迹仍隐隐若现。首先,狄尔泰强调生命是"生理——心理统一体",将身体纳入生命的整体结构框架了。其次,狄尔泰的生命多是指向个体生命,"历史学家必须把一个个体的全部生命,当作它本身在某个时间和空间点上所表现出的那样来理解"②;为此,就"身体"而言,其仍然是指向个体"身体",指向每个活生生的、具有历史内涵的且相互区别的"身体"。再次,狄尔泰的"生命"具有广阔的文化与生活内涵,其"身体"也被当作一种历史的文化存在与现世存在,因而是一种感性的、现实的、具体的"身体",而不是抽象的、超脱的、类化的"身体"。由此看来,狄尔泰在其整体"生命"概念中对"身体"作了形下层面的开掘;为此,我们似乎可以预见其对"身体"的美学阐

---

① [德]尼采. 权力意志——重估一切价值的尝试[M]. 张念东,等译. 北京:商务印书馆,1996:510.
② [德]威廉·狄尔泰. 历史的意义[M]. 北京:中国城市出版社,2002:21.

释——多样性、历史性、丰富性的感性存在。由"身体"出发，回归到生命整体，将"身体"与"生命"放置于一个更为广阔的现实文化生活时空中，成为狄尔泰身体生命美学的基本特征。此外，现象学家梅洛-庞蒂对身体也做了细致的研究，为西方身体生命美学的发展做出了重要贡献。梅洛-庞蒂充分认识到了身体的重要性，"身体是在世界存在的媒介物，拥有一个身体，对于一个生物来说就是介入一个确定的环境，参与某些计划和置身于其中。"① "我带着我的身体置身于物体之中，物体与作为具体化主体的我共存。"② 并且将身体向"知觉"的呈现看作是现象世界中美的显现过程，"身体图式是自然物体和文化物体借以获得意义的计划图式"③。显然，梅洛-庞蒂在他的现象学美学建构中对身体一直保有一席之地，也意识到身体对于每个个体的独特价值意义与存在本质，如他所强调的"他人的悲伤和愤怒对于他和对于我没有完全相同的意义。对于他人，它们是体验到的处境，对于我，它们是呈现的处境。"④ 的情形，实质上可以在现象层面还原于身体的差异化体现。然而，梅洛-庞蒂对身体的阐发仍然是充斥着含混与暧昧，其对身体背后的灵魂设定，如"灵魂和身体的结合每时每刻在存在的运动中实现"⑤ 等论断，又使其关于身体生命美学的建构始终处在传统精神

---

① [法] 莫里斯·梅洛-庞蒂. 知觉现象学 [M]. 姜志辉，译. 北京：商务印书馆，2001：116.
② [法] 莫里斯·梅洛-庞蒂. 知觉现象学 [M]. 姜志辉，译. 北京：商务印书馆，2001：242.
③ [法] 莫里斯·梅洛-庞蒂. 知觉现象学 [M]. 姜志辉，译. 北京：商务印书馆，2001：177.
④ [法] 莫里斯·梅洛-庞蒂. 知觉现象学 [M]. 姜志辉，译. 北京：商务印书馆，2001：448.
⑤ [法] 莫里斯·梅洛-庞蒂. 知觉现象学 [M]. 姜志辉，译. 北京：商务印书馆，2001：125.

美学的阴影下，得不到彻底的贯彻与张扬；况且身体在梅洛-庞蒂的现象学美学体系中也扮演着工具论的角色——意义获得的凭借，这也在一定程度上消解了其关于身体之于美学的原初规定和本质设想。

由上我们可以看到，在有关"身体"的美学言说中，叔本华、尼采、狄尔泰，梅洛-庞蒂等人都做出了重要贡献，后来的福柯、德勒兹、西蒙·波夫娃、维特根斯坦、威廉·詹姆斯、杜威等人也有关于身体意识及其审美方面的阐释；但是，生命美学视阈中的"身体"仍然没有得到有效确定与客观认同，真正将感性身体全面推向本体而进行审美观照的则要归功于大众文化背景下的身体美学。身体美学的概念是理查德·舒斯特曼于1990年代提出的，其强调身体是外观形式和经验形式所构成的一个身心合一体，寄希望于"培养身体的愉快和训练"来促进"更加肉身化的审美"，完成身体美学学科的当代建构。显然，身体美学的提出是大众消费文化背景下美学发展的一大趋势，作为艺术品的身体比仅仅作为物质客体的身体更为大众所接受。走在大街上，我们可以看到各种充满身体形象设计的广告，我们可以看到各种健身场所与美容美发店；打开电视或走进影院，我们可以发现其处处张扬着优雅或强壮的身体形象，以及渲染身体各种部位的魅力；面对我们所充溢的文化世界，我们甚至无法逃离"选美""超女"、体育明星、人体艺术、身体写作等事件的深刻影响，这种主要立足于"身体"展示的艺术已经走进了我们的日常生活，并且在"读图"时代与视觉霸权相结合形成了一股强力的艺术与美学冲击波，"在洋溢着感性解放身体里，人对于日常生活的欲望已自动脱离了精神的信仰维度，指向了对于身体

（包括眼睛对于色彩、形体等）满足的关注和渴求"①。由此看来，大众文化视阈下的身体美学已经不再把身体仅仅作为手段，而将其视为目的，一种能够显现美的客观存在与行为本身。身体美学的出现不仅将鲍姆嘉通关于美学为"低级能力"的感性认识以"身体"作了客观实践，而且在身体美的展示中体现了错综复杂的社会文化语境，"我们的身份不是被整齐切割的，不是被掏空了，而是服从于各种错位、压力和冲突，并通过我们所穿的衣服传达出来。"② 况且，就身体的美学表征与艺术传达而言，女性身体、男性身体、女性化身体、男性化身体、文化身体、情感身体、运动身体、民族身体，都可能在一种艺术化的审美展示中流露出颠覆、抵抗、僭越现有文化逻辑与意识形态的向度。当然，大众文化视阈下的身体美学制造了以"身体翻身"为中心的美学场景，无论其对"身体"的展示与张扬出于什么动机和目的；但是，这种"肉身的美"首先是基于生命的感性存在，其次则是"身体"背后的生命现世存在（自由的或压抑的），在本源上是以对生命的言说为归宿和结穴的，"在身体是我们个体存在的载体这一意义上，我们也是身体。我们在这个世界上的存在、作为人类的代言人都是基于我们身体化的状态，我们知道自己最终的命运是衰老和死亡。"③

综上所述，西方身体生命美学对"身体"本身展开了多方面的论述和关注，形成了其有关生命言说的第一个维度。对于西方生命美学所着重审视与建构的身体，在中国生命美学的基本形态中则是受到漠视和

---

① 王德胜. 视像与快感——我们时代日常生活的美学现实 [J]. 文艺研究，2003（6）.
② [英] 阿雷恩·鲍尔德温，等. 文化研究导论 [M]. 陶东风，等译. 北京：高等教育出版社：2004：298.
③ [英] 阿雷恩·鲍尔德温，等. 文化研究导论 [M]. 陶东风，等译. 北京：高等教育出版社：2004：279.

边缘化的；无论是从人与社会和谐关系入手的伦理生命美学，还是从人与自然和谐关系入手的自然生命美学，抑或是从自我心灵和谐入手的心理生命美学，都没有把关注的重心完全放在"身体"上。

对此，我们可以做一番简单的观照。在伦理生命美学视阈中，孔子强调"文质彬彬"的道德修养而以礼束身；孟子进一步以"养气"来弱化生命的身体基础；荀子则认为"心居中虚以治五官"（《荀子·天论》），强调心性对身体的约束和改造之功；后世儒家文人志士更是以"三不朽"来确立生命的在世价值而不计较身体得失与完整，如左丘失明仍成《国语》，屈原放逐而深情长传，司马迁遭刑仍有《史记》，文天祥视死如归而留名汗青。也就是说，在伦理生命美学看来，伦理道德责任和义务才是生命存在之基础和根本，而这些恰恰是需要通过主观的行"仁"知"礼"来践行的，身体则往往被视为无足轻重的。在自然生命美学视阈中，老、庄皆强调要超越具体的身体束缚，在一种绝对身心自由的情境下——"玄览""坐忘"实现任逍遥。庄子认为"人之生，气之聚也。聚则为生，散则为死。若死生为徒，吾又何患？"（《庄子·知北游》）生命的"此在"并不在于具体的形骸，生命的价值在于"气"之所聚而成的"一""道"；为此，即使是形骸不全或残缺，也能够"其臭腐化为神奇"（《庄子·知北游》）。后来的玄学美学虽然哀叹现实生命形体的不幸与无奈，但是，其在具体的生命言说上却仍然执着于对无限生命精神的追求，甚至在一种放浪形骸的惊世行径中走向对身体的伤害和挫伤，如嵇康头面半月不洗不沐，纵情于酒；刘伶嗜酒如命，对于身体形骸极为漠视，甚至发出"鸡肋不足以安尊拳""死便埋我"（《晋书·列传十九·刘伶传》）的豪言壮语。可以说，在中国自然生命美学中，身体如同一个容器，真正具有本源意义和价值的是这个

"容器"中所盛之物——"道"。在中国心理生命美学视阈中,身体更加不受关注,以禅宗为代表的心理美学自始至终将生命的终极意义放在彼岸世界,强调"自性观""何期自性本来清净,何期自性本不生灭,何期自性本自具足,何期自性能生万法"(《坛经·行由品》),希望通过生命心灵与灵魂的"轮回",于一种因果循环中获得生命的永生,即"洞彻本原,了生脱死,超出三界,不受后有"[①];为此,其必然无视具体生命形骸,于生死自由中走向了一种超越脱俗的精神自由。也就是说,在中国心理生命美学看来,生命形体的存在只是"一朝风月",终究会凋零和腐朽,只有心灵的透彻才会走向"万古长空",走向生命的不朽和永恒。

当然,我们并不否认中国古代美学中存在着有关"身体"的只言片语,如老子的"全德鬼身"、《淮南子》的"形神气志"四位一体、以身体进行书法绘画艺术品鉴、魏晋六朝的身体艺术等;但是,这都不是中国美学的主体,尤其不是生命美学的重心。总体来说,伦理生命美学以建构和谐的伦理关系来营造生命的审美化存在与发展,但是,其在美善结合的价值基点上仍旧主张"舍身取义";自然生命美学以建构人与自然万物和谐共生的关系来彰显生命存在与发展的审美境界,但是,其在自然优游的行为准则下仍旧主张"离形去智";心理生命美学以寻求心灵的内在和谐来创造一种生命存在的美好情境,但是,其在不执不惑的生命法则下仍旧主张"禁欲苦修";也就是说,中国生命美学的基本形态几乎都是轻视"身体"的。我们可以看到,中国古代"崇神抑形"的美学观念长期占据主导地位,不仅表明了中国生命美学对"身

---

① 月溪. 禅宗修持法·禅定指南[M]. 北京:中国人民大学出版社,1989:172.

体"拒斥的基本态度,而且反映出中国生命美学所走的路径是体验型、阐发型、义理型的,是一种关乎生命存在与发展的形上美学意蕴的探索。因此,对"身体"的审美言说的缺席或现实介入,构成了中西生命美学在形态上的基本特征差异之一。

二、存在之维:中西生命美学特征差异之二

"存在"在西方美学中原本就是与生命紧密相关联的,西方美学在关于"存在"之思的历程中形成了其生命美学的又一基本形态——存在生命美学。我们这里所讲的存在生命美学,是产生于西方哲学关于"存在"的确证与思辨过程中,其直接在一种敞开与澄明的境界中指向对生命现实存在的审美建构。从存在的维度来彰显生命的审美化存在与发展态势,构成了中西生命美学在形态上的又一特征差异。

在存在主义哲学那里,"存在"既不是一种自在的自然物,也不是主体所能把握到的客观存在物,而是一种未分化的被给予状态;为此,人的存在实质上就是指人的无蔽状态,一种处于敞开的意义生成状态。从"存在"的意义维度来进行生命的美学言说,是对生命原初状态的审美把握,体现了现代西方美学对生命存在状态的深刻忧虑和反思。20世纪以来,西方社会在物质文明上取得了前所未有的发达水平,这种基于主体和主体性膨胀的文明发展进程在西方经济危机与世界大战之后受到了极大的怀疑和批判。毫无疑问,主体性的幻灭所带来的不仅是自食其果的表面伤痛与无家可归,更是造成了一种持久的精神创伤——没有根基的生命存在状态,"当蓝天因烟尘而灰暗、沥青的刺鼻味取代了麦苗的清香时,毁坏的不仅是实在环境的故乡,而且也是作为精神象征的

家园与故乡。"① 显然，西方存在生命美学就是在这种情境下应运而生的；而对于存在生命美学形态的生成而言，海德格尔、雅斯贝尔斯、萨特等人贡献最大。海德格尔的《存在与时间》出版后，哲学界发出"哲学终于从天国回到了地面"的感慨；其实对于美学而言同样如此，以前基于主体表现的美学不再有效，它不关涉主体性，也不是表现，更不是一种纯粹的知识，而是在与存在的关联中才得以彰显。为此，美学也由此回到了地面，回到了成为生命存在的见证者与引路者。海德格尔对存在生命美学的贡献主要体现在这几个方面：其一，他使美学真正彻底摆脱了主体中心主义的思维模式，走向了以生命存在为根底的美学致思路径。海德格尔认为"存在"长期受到遮蔽，我们的哲学与美学研究要经由"存在者"而直接面对"存在"，才能抵达根本，"在存在问题中，被问及的东西恰就是存在者本身。不妨说，就是要从存在者身上逼问出它的存在来。"② 由于将"存在"设定为不具任何先在本质，也就因此远离了以对象化的主体思维模式来进行探寻的基础；从主客体转向"存在"，从"主体性"转向了"敞开"与"澄明"，从先验的"构成"转向现在的"生成"，海德格尔关于"存在"的美学哲学之思明显具有否定主体中心主义的意图。从发生论上讲，海德格尔将美的发生看作是生命存在于"澄明"之境的一种自由显现，从本源上剔除了美学的主体表现的发生学原理，从而还原到了美学的生命之思。其二，他将美学作为生命存在的开启者与见证者，赋予其本源性意义的同时充满浓厚的生命意蕴。海德格尔认为"艺术作品除了物因素之外还是某种别

---

① 尤西林. 人文科学导论 [M]. 北京：高等教育出版社，2002：129.
② ［德］海德格尔. 存在与时间 [M]. 上海：三联书店 1987：8.

的东西。其中这种别的东西构成了艺术因素。"① "那么,艺术的本质或许就是:存在者的真理自行设置入作品"②,为此,就美学而言(艺术),它也不是什么别的主观感受与客观知识,而是作为生命存在的开启者,"在作品中发挥作用的东西也几乎不露痕迹地显现出来了,那就是在其存在中的存在者的开启"③;我们顺着美学(艺术)可以抵达关于存在者的存在——生命的原初状态;而且,美学(学术)也成了这一历史过程的见证者。其三,他将美学(包括艺术)作为生命"诗意栖居"的澄明之境与"存在之家",对生命审美化存在进行了富有创造性的阐发。海德格尔不仅将美学(艺术)作为生命存在的开启者与见证者,更是将其作为生命能够栖居的"存在之家";"建立一个世界和制造大地,乃是作品之作品存在的两个基本特征"④,美学(艺术)的最终使命是将天、地、人、神四元一体的结构和关系进行敞开与澄明,在一种休戚相关、共生共荣的"争执"中将生命存在的无蔽状态揭露出来,"以这种转让——照亮的方式,四者中的每一位作用于其他的每一位。转让的反射使四者的每一位自由地进入自身。但它使他们的自由联结为基本存在的相互纯一。"⑤ 显然,这种栖居情境是生命存在的理想状态,是美学(艺术)关于现世生命存在的形上建构。其四,就美

---

① [德] 海德格尔. 艺术作品的本源·林中路 [M]. 上海:上海译文出版社,2004:4.
② [德] 海德格尔. 艺术作品的本源·林中路 [M]. 上海:上海译文出版社,2004:21.
③ [德] 海德格尔. 艺术作品的本源·林中路 [M]. 上海:上海译文出版社,2004:23.
④ [德] 海德格尔. 艺术作品的本源·林中路 [M]. 上海:上海译文出版社,2004:34.
⑤ [德] 海德格尔. 诗·语言·思 [M]. 北京:文化艺术出版社,1991:158.

学的总体建构来看，其具有鲜明的反技术主义倾向，体现出对现世生命存在的忧虑和关怀，在整体上表明了生命美学的旨趣。一方面，海德格尔在"物的物性仍然是被遮蔽，遗忘的"① 技术时代，力图为生命存在补上"神性的尺度"，如对诗人的"召唤"；另一方面，海德格尔在对"逻格斯"的解构中走向了一种"思与诗"的语言，将其作为生命存在敞开的保持与庇护之场所；这两方面都显现出海德格尔关于生命存在的现实忧虑与理想预设。总的来说，海德格尔对存在生命美学的建构是极富哲理性与创造性的，虽然他充满隐讳、跳跃、超脱、灵性的美学言说方式常常令我们苦苦踯躅与徘徊；但是，其对于生命存在之思的维度却是极为鲜明与明了的。

雅斯贝尔斯从荒诞中人的真实性出发，对人的存在展开了特有的美学之思，为存在生命美学做出了应有贡献。雅斯贝尔斯认为"人是由他所据为己有的某些事物所构成的，在他每一个存在方式中，人是关联于他自身以外的某些东西；就关系于世界而言，他是他所在的世界中之一物，就关联于对象而言，他是意识，就关联于任何构成整体的观念而言，他是精神，就关联于超越者而言，他是存在性。"② 然而，现实世界的荒谬性和难以理解性却直接导致了生命无法面对自身和确立自我，生命的"存在"确实成了问题。面对这样一种困境，雅斯贝尔斯认为，生命只有在一种超越的过程中——对一种失败与绝望、孤独与虚无、幻象与欺骗的彻底觉悟中瞬间获得关于存在的本然状态。显然，在雅斯贝尔斯那里，这样的超越过程主要是依赖于美学（包括艺术和悲剧）来

---

① [德] 海德格尔. 诗·语言·思 [M]. 北京：文化艺术出版社，1991：150.
② [德] 雅斯贝尔斯. 关于我的哲学·存在主义 [M]. 北京：商务印书馆，1987：143.

第五章 中西生命美学之比较

实施的；美学、艺术、悲剧以原初直观的方式将生命的存在在某一时刻予以"暴露"出来了，成为生命体验自我和通达存在的必然路径与解读密码，"在悲剧中，我们经验到被表现得明白显豁的基本实在，因为事物在毁灭中碎裂得袒露无遗了；在悲剧中，我们超越了痛苦和恐怖，因此向基本实在迈进。"① 我们应该明白，雅斯贝尔斯首先是将美落脚于那种荒谬性的、悲剧性的、痛苦性的艺术体验，这是基于其关于生命存在的荒诞性认识的；因为现世生命存在都是荒诞与否定的，作为对生命表征的美自然也无法例外。所不同的是，关于美，雅斯贝尔斯没有沿着这条荒诞之路走向虚无主义，而是于其中发现了生命存在的奥妙——生命本然状态的被给予。由此看来，雅斯贝尔斯对存在生命美学的主要贡献在于其将美学奠基在生命本然存在状态之中，将美学的超越性作为生命本然存在彰显的手段与方式，以期为处于荒诞、孤独、痛苦与不自由而无法进行审美抉择的现世生命能够寻找到一条看似"绝望"的出路。当然，我们看到，雅斯贝尔斯关于存在生命美学的建构是充满辛酸和无奈的，于绝望中体验绝望美，于悲剧中体验悲剧美，于荒诞中体验荒诞美，雅斯贝尔斯事实上是以一种认可命运且安然处之的方式走上生命存在的美学之思的；但是，我们仍然可以从其所展现的现世生命存在与本然生命存在的巨大矛盾张力中窥见那种忧生的、热情的，甚至可以算作进取的生命精神。

法国存在主义大师萨特也在自身的理论维度中展开了有关存在生命美学的致思。对萨特存在生命美学的认识，我们需要首先明确其关于生命存在的阐述。萨特将生命存在区分为"自在的存在"与"自为的存

---

① ［德］雅斯贝尔斯. 悲剧的超越［M］. 北京：工人出版社，1988：80.

在","自在的存在"是一种本然的存在,是一种绝对的、自性的存在状态,而"自为的存在"则是一种现世的存在,是一种选择性的、多样性的存在状态。萨特认为,生命被抛弃在孤独的世界之后,其被赋予了某种"自由"和"虚无",因而造成了一种"自为的存在",这才是现世生命存在的基本状态。在萨特的生命存在之思中,"自由"和"虚无"具有特殊的意义,"人的自由先于人的本质,并且使人的本质成为可能,人的存在的本质悬置在人的自由之中。"① "虚无应该在存在的内部被给定,以使我们能够把握我们称之为否定性的这种特殊类型的实在。"② 也就是说,"自由"与"虚无"是人成其为人的本质规定性。为此,我们可以对萨特的生命存在之思做这样一番巡礼:生命被抛弃于孤独的世界中,这种"放逐"也使其获得了"自由";而对"自由"的自我意识(逃避)则产生了一种"虚无"的状态,正是在对"虚无"的对象化中,生命才获得了其本质,从而生成了差别各异的生命个体。基于对生命存在的独特认识,萨特也开启了关于存在生命美学的思考:

其一,萨特把对美的追寻归结为一种"自由"的表征,本质上指向一种"去自在化"的生命行为。因为生命存在于这个世界上首先表现为孤独与封闭的"自在"状态,而美是被作为一种"自由"的选择的,"这是艺术的最终目的:在依照其本来面目把这个世界展示给人家看的时候挽回这个世界,但是要做得好象世界的根源便是人的自由。"③ 这种表征实际上恰恰是对那种"自在"状态的否定与破坏,并且在这种过程中证明了生命所具有的"自由","那么我的自由不仅作为纯粹的

---

① [法] 萨特. 存在与虚无 [M]. 上海:三联书店,1997:55.
② [法] 萨特. 存在与虚无 [M]. 上海:三联书店,1997:51.
③ [法] 萨特. 萨特文论选·什么是文学?[M]. 北京:人民文学出版社,1991:130.

<<< 第五章　中西生命美学之比较

自主，而且作为创造活动向自己显现，就是说它不限于为自己制定法则，并且作为对象的构成部分把握它自己。在这一层次上便出现地道的审美现象，即出现一种创造。在这里被创造的对象被作为客体给予它的创造者。……人们描绘世界是为了一些自由的人能在它面前感到自己的自由。"① 萨特对美的"自由"特性以及对生命"自为"存在意义的阐发与证明，本质上直指黑暗、孤独、无助的"自在"世界，是作为对"自在的存在"生命的某种超越。其二，萨特将美的获得作为一种非现实的存在，赋予了其揭露与批判的维度。由于美是一种"自由"的表征，因此，相对于"自在"状态，审美往往是在一种"后撤"中进入了"虚无"，是在对非现实存在的对象化活动中获得了美，这种审美过程其实隐含了一种批判的向度，"作家选择了揭露世界，特别是向其他人揭露人，以便其他人面对赤裸裸向他们呈现的客体负起他们的全部责任。"② 其三，萨特将美的创造作为一种"介入"方式，不仅表明了美与生命存在的本质性联系，而且预构了一种生命存在的整体情境。因为美的创造本身就是一种"召唤自由"的行为，"艺术品只是当人们看着它的时候才存在，它首先是纯粹的召唤，是纯粹的存在要求。"③ 这种"召唤"是需要"他者"（或者读者）来参与的，"写作，这是为了召唤读者以便读者把我借助语言着手进行的揭示转化为客观存在。"④ 是在对"他者"的"介入"中来"揭示世界"的，"一旦你开始写作，

---

① ［法］萨特. 萨特文论选·什么是文学？［M］. 北京：人民文学出版社，1991：131-134.
② ［法］萨特. 萨特文论选·什么是文学？［M］. 北京：人民文学出版社，1991：103.
③ ［法］萨特. 萨特文论选·什么是文学？［M］. 北京：人民文学出版社，1991：122.
④ ［法］萨特. 萨特文论选·什么是文学？［M］. 北京：人民文学出版社，1991：131.

不管你愿意不愿意，你已经介入了。"① 为此，我们可以做这样一种理解，美的创造（写作）是在生命存在之间相互"介入"与"共自由"的状态下实现的，并且于"自由"的呈现中走向一种开放的、对话的交流平台，"正因为这个世界由我们俩的自由合力支撑，因为作者企图通过我的媒介把这个世界归入人间"②，这实际上预构了一种理想的生命存在关系，体现了较为浓厚的生命情结。总的来看，萨特在生命存在的自由维度上展开了关于存在生命美学的建构，其将美作为生命"自为"存在的确证和"揭示世界"的手段，在"自我"与"他人"的审美关联中走向了一种生成性的生命美学发展道路。

综上所述，西方生命美学围绕着生命存在展开了一系列的探寻，形成了其有关生命言说的第二个重要维度。就西方存在生命美学的具体形态而言，其形成了与中国生命美学不一样的特征差异。首先，关于生命的存在之思，中国生命美学视阈中的"道"是与其较为接近的，如"道可道，非常道""道为天下始""道生万物"等；但是，就"道"的内在构成及其"神性"色彩来看，其又体现出一定的不确定性和虚构性，甚至看不见生命个体的存在，其与西方存在生命美学形态的存在追问在目的上还是有较大区别的。其次，同样是关于生命存在的美学思考，存在生命美学却走向了一种本源性、原初性、无蔽性的形上哲思，将生命存在的思考从现世走向本真、从实用走向本体；而中国生命美学的基本形态在关于生命存在的思考上具有较为明显的功用性、实用性和现世性特征，其往往只关心生命在现实社会下的存在状态，而对生命存在背后的"存在"似乎没有兴趣（心理生命美学虽然也关注这种背后

---

① [法] 萨特. 萨特文论选·什么是文学？[M]. 北京：人民文学出版社，1991：136.
② [法] 萨特. 萨特文论选·什么是文学？[M]. 北京：人民文学出版社，1991：133.

的"存在",但是其还是在因果循环的前提下立足于现实生命表现)。因此,中国生命美学关于生命存在的建构实际上是指向一种生存生命美学,而不是真正现代意义上的存在生命美学。再次,西方存在生命美学形态是在对主体性思维的否定与反思中逐步形成的,非对象性、非现实性成为其思考生命存在的基本思维模式,这与中国生命美学,尤其是伦理生命美学基于主体维度的和谐思维模式是明显不一样的;如中国生命美学基本形态所注重的人与自然、社会、心灵的和谐所展现的主体性努力与西方存在生命美学的本源性和谐所展现的非主体性努力,就体现出较大的思维差异性。当然,中西生命美学的基本形态在生成时空上的差异是显而易见的,"存在"的现代性、后现代性语境必然导致其在中国生命美学视阈中的被弱化与忽视的地位,甚至是一种缺席的状态;西方存在生命美学形态及其特征构成了其与中国生命美学比较视阈中的又一基本差异之所在。

三、实践之维:中西生命美学特征差异之三

西方近现代美学关于生命的思考,有一种将其放在整体活动过程中进行审视的倾向,突出其作为活动主体的实践品格,从而形成了西方生命美学的一个基本形态——实践生命美学。从实践的维度出发来探寻生命的审美化存在与发展,将生命之美以一种生成性法则奠基于生命"自由自觉"的实践活动中,构成了中西生命美学在形态上的第三个特征差异。

对西方实践生命美学的梳理,我们首先需要面对马克思关于美是"人的本质力量的对象化"——实践(劳动)创造美的著名论断,马克思主义美学的实践品格是对实践生命美学生成的第一大贡献。"实践"

概念最先是由黑格尔所提出并加以阐发的，只不过其将"实践"建立在了精神维度上，将"实践"看作是客观精神的"外化"方式；马克思则将"实践"建立在了感性生命的具体现实活动中，真正建立起以现世生命存在为出发点的实践生命美学体系。其一，马克思将"实践"看作生命的本质属性，是生命存在的基本规定性；而且把"实践"作为美与美感产生的源泉，将由此获得的审美感受在本源上指向对生命存在及其发展的审美建构。马克思认为，"生命活动的性质包含着一个物种的全部特性、它的类的特性，而自由自觉的活动恰恰就是人的类的特性。……有意识的生命活动直接把人跟动物的生命活动区别开来。"[①]由于"实践"是生命的活动，其不仅是生命自我存在的确证，而且在发生学上成为美与美感诞生的基础，"只是由于属人的本质的客观地展开的丰富性，主体的、属人的感性的丰富性，即感受音乐的耳朵、感受形式美的眼睛，简言之，那些能感受人的快乐和确证自己是属人的本质力量的感觉，才或者发展起来，或者产生出来。"[②] 显然，马克思在此明确了"实践"（人的本质）作为美的基础性地位，而且将其与生命相关联，把美作为是生命在实践过程中的一种有关生命存在本质的对象化行为，是生命在以全部感觉（审美）在对象世界中"肯定自己""发展自己"。其二，马克思并不是一般意义上探讨实践创造美，而是以一种"自由"来表征美的创造，并且以此作为生命全面发展的理想形态。"动物的产品直接同它的肉体相联系，而人则自由地与自己的产品相对立。动物只是按照它所属的那个物种的尺度和需要来进行塑造，而人则懂得按照任何物种的尺度来进行生产，并且随时随地都能用内在固有的

---

① ［德］马克思. 1844年经济学—哲学手稿［M］. 北京：人民出版社，1979：50.
② ［德］马克思. 1844年经济学—哲学手稿［M］. 北京：人民出版社，1979：79.

尺度来衡量对象；所以，人也按照美的规律来塑造。"① 也就是说，美的创造是一种生命有规律的生产活动，即"自由"的实践。当然，马克思关于"自由"的阐发不仅仅限于美的创造，而是将美的创造过程所体现的"自由"（美的规律）看作是生命全面发展的应有显现，"马克思所理解的'全面发展的人'，如前所述，即使是以'美的规律'的理想极致投射到地平线的远景，也不是虚幻之物，而是关于人的基本生存方式——劳动的一种形态。"② 以"自由"的"实践"（劳动）对美与生命存在及其发展实现一种双重建构。其三，马克思对"实践"的美学阐发还贯穿着对生命存在"异化"的批判，体现了浓厚的生命情怀。由于生产力的高速发展以及现代分工的精细化，生命的"实践"活动越来越偏离生命的本质，仅仅成为一种谋生的手段，"人只是在执行自己的动物机能时，亦即在饮食男女时，至多还在居家打扮等等时，才觉得自己是自由地活动的；而在执行自己的人类机能时，却觉得自己不过是动物。动物的东西成为人的东西，而人的东西成为动物的东西。"③ 这种"实践"实际上是一种不自由、不自觉、不本质的活动方式，是一种"异化"现象。马克思将美定义为"自由"的实践，本身就表明了对"异化"现象的否定与批判。其实，马克思的整体美学体系都充溢着一种批判的维度，这种批判当然起源于"实践"（劳动）所带来的生命非美状态，"劳动为富人生产了珍品，却为劳动者产生了赤贫。劳动创造了宫殿，却为劳动者创造了贫民窟。劳动创造了美，却使

---

① ［德］马克思. 1844 年经济学—哲学手稿［M］. 北京：人民出版社，1979：51.
② 尤西林. 人文科学导论［M］. 北京：高等教育出版社，2002：75.
③ ［德］马克思. 1844 年经济学—哲学手稿［M］. 北京：人民出版社，1979：48.

劳动者成为畸形。"① 其对现世生命存在的悲悯与关怀意识极为明显与浓厚。总的来看,马克思的美学体系是极为丰深的,如其关于美的理论建构、文艺美学思想等诸方面;但是,马克思基于"实践"而生成的美学观念在本质上都体现出了为现世生命进行言说的基本路向,构成了西方生命美学的一种基本形态——实践生命美学,并且对后世产生了深远影响。

沿着马克思所开辟的美学道路,西方马克思主义的诸多流派对实践生命美学展开了各自的论说。虽然他们并不一定将"实践"作为重心予以突显,但是,作为对马克思主义美学的继承与发挥,"实践"作为生命存在的第一要义在他们的美学探索中往往是不证自明和不言而喻的;而且他们也毫不隐讳地将美作为生命审美化存在与发展的方式与手段,在对现代文明与体制下的生命进行忧虑与反思中流露出浓厚的生命情怀和意识。被作为"西方马克思主义"之父的卢卡契在坚持马克思的"实践"观的同时,提出在日常生活中以一种"日常思维"的升华与超越为基础来达到某种高层次的精神状态——美,并且在这种审美体验中获得一种"自我意识",一种对生命存在的深思远虑。卢卡契是完全接受马克思主义美学的"实践"观念的,"艺术的形成史,不论是艺术创作的还是艺术感受的,只能在这个范围内、在五官世界史的范围内来研究。"② 更为重要的是,卢卡契将"审美反映"作为一种更高的精神形态,赋予其自身应有的价值,这种价值当时来自生命审美体验过程中的"自我意识","审美反映的深刻的生活真理在于,这种反映总是以人类的命运为目标,人类绝不能与构成它的个体相脱离,由审美反映

---

① [德] 马克思. 1844年经济学—哲学手稿 [M]. 北京:人民出版社,1979:46.
② [匈牙利] 卢卡契. 审美特性 [M]. 北京:中国社会科学出版社,1986:182.

绝不能构成与人类无关存在着的实体。审美反映是以个体和个体命运的形式来表现人类。"①

  法兰克福学派作为西方马克思主义中影响最大的流派，其关于实践生命美学的建构也很值得我们关注。所不同的是，这一学派并不是抽象的探讨生命的审美化存在与发展，也没有对"实践"做过多的阐发与突显；但是，他们在将生命植入社会系统中时，事实上就已经肯定了"实践"作为生命存在的本质规定性，况且他们关注的重心仍是社会中生命的存在状态，仍寄希望于以审美的方式在进行批判的基础上寻求生命的理想发展态势；为此，在美学价值和追求上，他们还是沿着马克思关于实践生命美学建构的大方向进行发展与衍化的。这一学派的代表人物主要有霍克海默、本雅明、阿多诺、马尔库塞等人，霍克海默作为法兰克福学派的开创者与中坚力量具有十分重要的地位。霍克海默从现世生命存在出发，将审美作为异化世界中生命保持本性、反抗异化和实现审美化发展的手段与武器，"人类就其没有屈从于普遍的标准而言，他们可以自由地在艺术作品中实现自己。……反抗的要素内在地存在于最超然的艺术中。……这些都唤醒着对自由的回忆，这种自由使得当下流行的标准成为偏见和粗俗的东西。"② 当然，霍克海默是将审美的建构寄予"现代艺术"的，希望从中找到生命存在的理想状态和独特价值，同时也流露出较为浓厚的生命意识。本雅明关于审美（艺术）的建构是立足于审美对生命的形上承诺与和谐塑造的；然而，在他看来，现代世界中的审美已经远离了对生命的真正"寓言"，那种基于"象征"和伪"寓言"的审美体验难以担当起对生命的审美言说，"在象征中，破

---

① [匈牙利]卢卡契. 审美特性 [M]. 北京：中国社会科学出版社，1986：199.
② [德]霍克海默. 批判理论 [M]. 重庆：重庆出版社，1989：258-260.

坏得以实现,自然外形的改变在救赎之光中得以瞬间的揭示,而在寓言中,观察者所面对的是历史垂死之际的面容,是僵死的原始大地景象。关于历史的一切,从一开始不合时宜的、悲哀的、不成功的一切,都在那面容上——或在骷髅上表现出来。"① 这是怎样的残缺、恐怖与不和谐啊!这也似乎印证了现代社会生命存在的不自由与颓废状态。本雅明力图通过在对"光晕"的呼唤中,在对机械复制时代"现代艺术"的批判的矛盾诉求中,实现"他可以让他的故事的爝火把他的生活的灯芯点燃"② 的理想情境,从而还原审美之于生命存在的形上建构和美好承诺。阿多诺以其"否定的美学"强调审美对现世生命存在的批判姿态,在一种"否定的辩证法"中寻找真实的美学和真实的生命存在。阿多诺认为,审美(艺术)对于生命存在的介入就在于其具有"虚无""否定""抵抗"等特质,"艺术必须反对构成其特有概念的一切,因此变得模糊不清,直至纤毫深处"③,但是,审美(艺术)的这种"否定"和"虚无"状态在"反艺术""反审美"的表象下却走向了对生命存在的关怀与救赎,"艺术史是作为自为之物在自身中保持其纯洁性,而不是顺应现存的社会规范并成为'社会有用的',才可能通过它单纯的存在对社会进行批判。……艺术向社会贡献的并不是与社会的交流,而是一种极其间接的东西,一种抵抗。"④ 显然,阿多诺寄希望于

---

① [德] 本雅明. 本雅明文选·德国悲苦剧的起源 [M]. 北京:中国社会科学出版社,1999:133.
② [德] 本雅明. 本雅明文选·讲故事的人 [M]. 北京:中国社会科学出版社,1999:315.
③ [德] 阿多诺. 西方马克思主义美学文选·美学理论 [M]. 桂林:漓江出版社,1988:350.
④ [德] 阿多诺. 西方马克思主义美学文选·美学理论 [M]. 桂林:漓江出版社,1988:367-368.

<<< 第五章 中西生命美学之比较

赋予现代社会的审美（艺术）一种彻底的批判精神，以图揭示现世生命存在与发展的本来面目，在一种荒诞与虚假的情境里以荒诞和虚假的方式（否定性的审美与艺术）寻找有关生命理想态势的审美言说，"艺术作品是不再被交换扭曲了的物的主宰，是未被利润及丧失了尊严的人类虚假需要而扭曲了的物的象征。在其总的假象中，艺术作品自在存在的假象恰恰是真理的面具。"① 作为法兰克福学派的核心人物之一，马尔库塞从发达资本主义社会中生命存在的现实困境出发，认为"技术的进步扩展整个统治和协调制度，创造出种种生活和（权力）形式，这些生活形式似乎调和着反对这一制度的各种势力，并击败和拒斥以摆脱劳役和统治、获得自由的历史前景的名义而提出的所有抗议。当代社会似乎有能力遏制社会变化——将确立根本不同的制度、确立生产发展的新方向和人类生存的新方式的质变。"② 其结果必然导致一种"单向度的人"和"单向度的社会"的生成。马尔库塞表达了审美对生命解放的现实意义，其认为"艺术工作是真正的工作，它似乎产生于一种非压抑性的本能，并且有一种非压抑性的目标"③，即能够造就一种脱离任何束缚且完全自由的感性，并且在审美（艺术）对现实的否定与超越中显露出了一种关于生命存在的"乌托邦"情怀，"无论是对否定本身的乞灵，还是把反叛艺术和'新感性'、'自然'置于辩证否定的支点上，马尔库塞的思想都是在向乌托邦招魂"④，内在地指向了生命审美化存在及其发展的某种理想预期与敞开维度。总的来说，法兰克福

---

① [德] 阿多诺. 西方马克思主义美学文选·美学理论 [M]. 桂林：漓江出版社，1988：370.
② [美] 马尔库塞. 单向度的人 [M]. 上海：上海译文出版社，1989：3-4.
③ [美] 马尔库塞. 爱欲与文明 [M]. 上海：上海译文出版社，1987：59.
④ 朱宏宝. 西方现代美学 [M]. 上海：上海人民出版社，2002：555-556.

207

学派对立足于现实生命存在的美学言说是极富启发意义与现代色彩的，不管其基于马克思主义美学的何种维度进行美学的阐发，其将生命之美以一种生成性法则奠基于生命"自由自觉"的活动中的"实践"品养则是以一贯穿的；即使这种"实践"有时偏向物质性的，有时偏向理性的，有时偏向感性的，但是其流露出的生命意识与关怀则是现实的、积极的、不遗余力的。

  法兰克福学派之后，西方马克思主义美学朝着多维的向度发展，如后马克思主义美学、新马克思主义美学等流派，但在实践生命美学的建构上，他们已经走得过于偏远，在此不再一一论述。综上所述，西方生命美学围绕着生命实践的现实性与可能性展开了关于生命存在及其发展的美学言说，构成了中西生命美学形态特征差异的第三个维度。首先，在中国生命美学的发展历程中，现代意义上的"实践"往往也是缺席的。伦理生命美学所基于的自强不息与进取意识的生命活动仍然是一种伦理纲常体系下有限度的、有束缚的行为方式，其与自由自觉的"实践"存在着明显的差异；也就是说，在中国伦理生命美学视阈中，生命的活动，如"修身、齐家、治国、平天下"以及调整自我存在以适应伦理社会的价值体系要求的相关行为，在本质上都不是一种自由自觉的生命活动，而是有着深刻的伦理底蕴与价值束缚的。自然生命美学与心理生命美学更是在一种主体视阈中消解了生命"实践"，如"心与物游""坐忘""参悟""心外无物"等行为方式，都走向了一种依靠主体内在精神超越的美学路径，根本难以寻觅到生命现实具体的"实践"活动。其次，由于所处社会形态之间的差异，西方实践生命美学不仅将"实践"及其审美体验作为生命审美化存在及其发展的源泉，而且将其作为批判社会、重塑生命理想生存情境的主要力量和武器，从而具有深刻的否定性、批判性、颠覆性倾向与维度。作为中国生命美学基本形态之一的伦理生命美学，仅仅将主体的活动及其审美体验作为实现生命和谐状态的方式与手段，其本身并不具备批判与否定既存社会的历史视野和现实功效。为此，我们看到，中国生命美学的基本形态主要是调整人与社会、自然、心灵之间的关系，将重心放在以人配天、以人配社会的逻辑体系中，以期实现生命存在的当下和谐，生命的"实践"及其批判向度在中国生命美学的基本形态中是被悬置的。是否从实践的维度来展开对生命的审美言说，是中西生命美学形态特征的第三个基本差异之所在。

第二节 特质比较：中西生命美学的异质同构

对中西生命美学发展路径的探寻使我们明白，中国生命美学在本质上是一种生命和谐美学，而西方生命美学则是一种生命解放美学，二者在性质上存在着一定的差异；但是，从价值取向及其形上意蕴来看，中西生命美学却又在对理想的生命发展态势的言说中走向了一种异质同构。

一、和谐抑或解放：中西生命美学的性质差异

在总体上，我们将中西生命美学的性质差异界定为生命和谐与生命解放的不同理想诉求。和谐是一种生命存在的理想状态，它追求的是生命与自然、社会、自我相互调整与配合、相互促进与扶助的关系，从而实现某种共生共荣的理想局面；而对于生命来讲，和谐只是一种预构的存在与发

展态势。因此,在生命和谐美学视阈中,其中心环节往往指向和谐关系的建构;也就是说,中国生命美学强调和谐的整体性意义,甚至不惜调整现实生命存在以达到一种和谐的审美状态。解放是一种生命存在的本然状态,它追求的是生命与生俱来的独特品性及其现实显现;对于生命来讲,解放只是一种已然的存在与发展态势。因此,在生命解放美学视阈中,其中心关节在于对生命本然状态的揭示和彰显,是对生命的一种"去蔽"行为。和谐抑或解放,构成了中西生命美学的基本性质差异。

中国生命美学的三种基本形态都是以生命和谐关系的建构为宗旨的,都主张在对生命的调整与干预中走向一种和谐的审美情境。伦理生命美学从现实社会中的生命存在出发,将和谐关系的建构与伦理纲常紧密相关联,以生命存在及其发展对伦理纲常秩序的遵循与贯彻为基点,建构出一种不悖乎常礼而又适应既有价值准则的理想人格与人生之境。孔子的生命和谐思想就是以自觉守礼的生命存在为基本方向的,无论其追求"文质彬彬""孔颜乐处"的人格高标,还是"吾与点也"的人生至境,都是在对生命现世存在与发展中进行调整所得出的审美主张。"危邦不入,乱邦不居;天下有道则见,无道则隐"(《论语·泰伯》),孔子对生命存在的现实情境的认识是极为充分的;因此,他也在不断地调整关于生命和谐存在与发展的审美之思,"孔子为治世盛世而设计的'仁'思想体系,不适合处理衰世乱世。但衰世乱世又是士人所必然面对的。为了仁学的完善,孔子必需也必然要提出'隐、藏、愚'和'孔颜乐处'。"[①] 也就是说,作为伦理生命美学肇始者的孔子,其关于生命和谐的审美建构实际上都是通过调整生命在社会系统中的存在方式

---

① 张法. 中国美学史[M]. 上海:上海人民出版社,2000:59.

来实现的。孟子的生命和谐美学思想是从社会中生命存在的纯洁性出发，排除那些有损生命和谐的习性，"言饱乎仁义也，所以不愿人之膏粱之味也，令闻广誉施于身，所以不愿人之文绣也"（《孟子·告子上》），以寻求一种人性本体论意义上的和谐生命存在。因此，孟子的生命和谐美学思想也是通过一种不断调整生命存在的方式来进行建构的；无论是对生命主体本性的限定，还是为审美引入道德之维，如"充实之谓美"，都体现了孟子基于生命审美化存在与发展的理想预期和主观论断。在对生命和谐的建构中，秦汉伦理生命美学思想主要从两个方面来调整生命的存在及其发展状态：一是将生命作为一种调配气——阴阳——五行的天地人一体的图式而存在，并且从中见出"天尊地卑，君臣定矣，卑高以陈，贵贱位矣"（《礼记·乐记》）的秩序之美；一是将生命存在放在具体的伦理纲常体系中，在一种"三纲五常"的社会秩序中，见出生命存在迎合社会价值体系所展现出来的伦理之美。第一种调整主要体现在对生命与"气"的关系认同上。这时期的生命言说往往由"气"开始，从中得出生命存在的不同特性，"是故酒之泊厚，同一曲蘗；人之善恶，共一元气。气有少多，故性有贤愚。"（王充《论衡·率性篇》）进而建构形、神、气三位一体的生命存在，"夫形者，生之舍也；气者，生之充也；神者，生之制也；一失位，则三者伤矣"（刘安《淮南子·原道训》）。这些都是强调生命内在构成与天地人一体图式的对应性关联，是在一种天态语境下对生命存在及其发展的规定与调整。第二种调整主要体现在"发乎情，止乎礼"的生命存在与发展语境的提出与确立。秦汉时期，"大一统"政治文化局面的出现，使统治阶级极力希望维护"礼"制，重修"礼"法，使"君君臣臣父父子子""三从四德""天下大德"而井然有序；因而，生命的存在及其发展，以及和谐关系的建构，都是在"大一统"的背景下展开的，是对生命作符合秦汉伦理价值体系的调整与整合。因此，我们看到，秦汉士人对"润色宏业""劝言讽谏"为宗旨的人格与人生境界的偏爱与满足，对厚人伦且美教化的伦理高标的道德认知与生命体验，对恢宏博大而又不离礼义的审美方式的合理运用与尽情演绎；毫无疑问，秦汉时期的生命言说实际上体现出伦理生命美学之于生命的伦理化建构，生命的和谐是通过整合到"大一统"的社会秩序中予以实现的。隋唐及后世，中国封建社会基本形态出现了长久的稳固，其价值体系主要表现为儒学的深化与衍化，中国伦理生命美学对生命和谐的建构也是以对现世生命存在的调整而走向一种伦理和谐关系的。总的来说，隋唐时期，儒家积极进取的伦理价值得以高扬，生命的和谐往往体现为一种勇儒型的人生状态，即以积极的、用世的生命激情在家国同构的人生事业中获得生命的理想存在及其发展趋势。宋以后，由于封建社会伦理价值体系的向内转，中国伦理生命美学也对生命存在及其发展做了适时的调整，将生命和谐建构所倚仗的外在"礼义"转化为内在的"性理"，在一种伦理主体的道德建构中走向生命的和谐之美。因此，就中国伦理生命美学而言，生命的和谐往往是以伦理纲常为风向和准绳的，其最终实现必然体现为对生命存在及其发展做适合现世伦理的调整和迎合，这正是中国生命美学独特的性质特点之所在。

自然生命美学对人与自然和谐关系的建构也主要表现在两个向度上：一是以生命及其主观意识唤醒自然的潜能，在一种超越传统人类中心主义立场的自由视野中实现万物的协调发展与和谐建构。一是对生命存在作适合自然法则与规律的调整，寄希望于在以生命配天道的过程中彰显一种大和谐。就第一种向度而言，老子主张"涤除玄鉴"的思想，希望主体排除主观欲念和成见，在保持内心虚静的前提下来"万物并作，吾以观其复"（《道德经·第十六章》），其结果自然是在对万物的主观赋予与建构中感觉到"万物负阴而抱阳，冲气以为和"（《道德经·第四十二章》）的生命和谐体验。庄子以"吾游心于物之初"的方式而通晓"至阴肃肃，至阳赫赫，肃肃出乎天，赫赫发乎地，两者交通成和而物生焉"（《庄子·田子方》）的大道，进而能够以一种"逍遥游"的意识与姿态体恤万物，达到"无问其名，无窥其情，物固自生"（《庄子·在宥》）的万物和谐情境。魏晋六朝士人在玄学的浸染下以"有无"之辨的方式理解万物、审视万物，如"而方寸湛然，固以玄对山水"（刘义庆《世说新语·容止》），寄希望于在虚灵化的宇宙时空视阈中实现生命存在与万物的和谐共生。因此，以我观物的方式去建构一种物我共荣共生的美好情境，是自然生命美学关于生命和谐建构的第一个基本向度。就第二种向度而言，自然生命美学强调将生命融入万物之本源（道）中，以自然天道的和谐来显现现世生命存在及其发展的和谐态势。老子认为"天下万物生于'有'，'有'生于'无'"（《道德经·第四十章》），生命自然也是作为"无"的衍生物而出现的；为此，生命存在的和谐状态应该体现在"无"的规定性与无限性之中。换句话说，生命存在只有遵循"无"的法则，即是一种和谐的状态，是在一种"道"的体认中见出生命存在以及万物的和谐。庄子认为"天地有大美"，这是一切具体物象之美的根源，"故为是举莛与楹，厉与西施，恢诡谲怪，道通为一"（《庄子·齐物论》）；也就是说，生命存在的美态与和谐趋势不在于其本身，而是在于是否是对"道"的反映和操守,"道与之貌,则貌之美恶皆道也。天与之形,则形之全毁皆天也。"① 因此,庄子关于生命和谐的言说在本质是归于其对"道"的体认与建构的,无论是"逍遥游"的生命和谐态势,还是"万物皆一也"的其乐融融的理想情境,都需要生命存在及其发展对"道"的遵循,在某种程度上甚至要对生命本身做出必要的调配,如"心斋""坐忘""游心"等对生命存在的内在规定性。魏晋六朝的自然生命美学主张寄情于山水,力图在一种物我两忘的情形下实现万物和谐关系的建构,"会心处不必在远。翳然林水,便自有濠濮间想也,觉鸟兽禽鱼,自来亲人。"(刘义庆《世说新语·言语》)由于特殊的时代背景与思想氛围,魏晋六朝士人希望体验到"无"的永恒意蕴;为此,他们往往反其道而行之,将乱世中的生命存在状态融入"无"中,在虚空、幻化、超脱、自由、无束的宇宙时空中获得生命的顿时安逸与和谐。总的来说,自然生命美学对生命和谐的建构也是基于一种理想的预期,也是在对生命存在及其发展做适时调整与规定下的审美言说。

心理生命美学对自我心灵和谐的建构也主要是通过对身心的调整与磨炼来实现的。禅宗美学虽然主张"不执"的思维方式而达到"一朝风月"的落花流水之境;但是,在这一过程中仍然充满了对身心的调适,"若自悟者,不假外善知识。若取外求善知识,望得解脱,无有是处,识自心内善知识,即得解脱。若自心邪迷,妄念颠倒,外善知识,即有教授,救不可得。"(《坛经·第三十一节》)只不过禅宗明了"郢人无污,徒劳运斤"(《京兆府章敬寺怀恽禅师》)的道理罢了。因此,我们常常看到的那些"空手把锄头,步行骑水牛"的智者,以及伐柴

---

① 王夫之. 庄子解 [M]. 北京:中华书局,1964:54.

担水、隐归山林的隐者，事实上都是在日常生活中进行一种身心的纯洁和修养，并用以进入"妙悟"的境界，从而实现对禅道的彻悟。显然，禅宗对心理生命美学之于生命和谐的建构于"不假外求"之中走向了"反求诸己"，同样是对生命存在的内在调整与规化。宋明心学也反对"格物致知"的传统理路，主张在"直指本心"的前提下走向心性和谐的建构；然而，总体而言，宋明心学之"心"本体在本质上仍然是"社会之心"，是儒学内化后的一种形态——"良知"，"是非之心，不虑而知，不学而能，所谓良知也。良知之在人心，无间于圣愚，天下古今之所同也"（王阳明《传习录》中）。也就是说，宋明心学对心性和谐的建构仍然立足于对生命存在内在本心的调整，是将那种外在的道德高标内化为生命的心性结构，于"内圣"之中实现身心与社会价值体系的和谐一致。后期的异端思潮，如童心、至情、本色的心性主张，其虽然极力表明是对生命之初之本心与情性的彰显；但是，他们仍然没有脱离"社会之心"的结穴，仍然是将其当作冲击礼教、表现私欲的工段和工具，况且，其本身在对物欲、情欲的彰扬中也似乎放逐了对心性的和谐建构。

综上所述，中国生命美学的三种基本形态在对生命和谐的建构上，总体上都离不开对生命存在及其发展的调整，于一种动态的生成过程中营造一种无我、自我的和谐生境，体现了中国生命美学独特的性质特点。

我们再来看看西方生命美学的性质特点，无论是身体生命美学，还是存在生命美学与实践生命美学，其关注的重心都是强调对生命本真的回归，是对现代社会中生命的非自由、非审美、非生态的存在状态及其发展趋势的一种去蔽和解放行为，最终是要展现出生命应有的态势。身体生命美学将身体作为审美对象，以"回到身体"为口号，将生命的原始力量与魅力以一种审美化的方式呈现出来了，在对生命的审美体验中实现了对身体的现实解放。尼采之于身体的解放，一个最为重要的贡献就是在驱逐理性的同时将人的"强力意志"突显出来了，"人，将变得更深沉、更多疑、更不道德、更强、更自信——而且在这种意义上说，也就变得'更自然'……这种强有力的阶层占有使人对他们的变恶产生崇高之感的艺术。强化的因素改头换面成了向'善'，任何'进步'都是如此。"① 并且在一种"强力意志"的寻求中表明了对身体本身的审美重视与现实解放，"（美）后者只出现在有能力使肉体的全部生命力具有丰盈的出让性和漫溢性的那些天性身上；生命力始终是第一推动力。"② 也就是说，尼采对生命之身体的言说，首先是基于对生命存在之解放的，是将那种长期受到压抑而不得彰显的"生命力"重现于审美的聚光灯下。后来的身体美学更是以较为彻底的方式直接提倡一种"身体艺术"与"身体美"，在艺术的光环下将身体的奥妙毫无保留的全部"公之于众"，其本身就极具解放色彩。因此，就身体生命美学而言，将身体作为生命解放的突破口无疑是其显著特征，这也体现出西方生命美学的总体特性。存在生命美学从肇始之初就明确强调要对生命进行必要的"去蔽"与"解蔽"，回到生命存在的本源，进而对生命进行最为本真与诗意的言说。海德格尔力图将生命置于一种"敞开状态"，并且使其在天地人神四位一体的情境中自由显现自身的澄明之境，从而以一种诗意的语言实现生命的"现身"或"存在"——一种被揭示、被驱魅的解放状态，"语言本身在根本意义上是诗。因为现在

---

① ［德］尼采. 权力意志——重估一切价值的尝试［M］. 张念东，等译. 北京：商务印书馆，1996：218.

② ［德］尼采. 权力意志——重估一切价值的尝试［M］. 张念东，等译. 北京：商务印书馆，1996：253.

语言是那种发生。在此之中，存在物作为存在物才完全向人们显露出来"①，"而是意味着这种存在者以揭示着世界和揭示着此在本身的方式存在着"②。海德格尔彻底清算了人类中心主义的思维模式，将生命存在从传统的"囚笼"中解放出来了，在对真理的思索、对澄明之境的开启、对诗意的追寻中彰显与还原了生命的原初存在状态。萨特对生命的存在作了深刻的分析与解剖，在一种"自由"与"虚无"的设定中展现了生命应当具有的本质特性，并且将生命的"去自由化"行为作为生命审美本质获得的基本理路，进而进行对生命及其世界的现实"揭露""批判"和"介入"，"现实的东西绝不是美的。美是一种只适合于意象的东西的价值，而且这种价值在基本结构上又是指对世界的否定。"③ 萨特关于生命的言说是基于生命所命定的"自由"的，虽然他将"逃避自由"与"面向虚无"看作生命存在的本质属性与无法逃脱的命运；但是，就生命存在及其发展趋势而言，萨特仍然于"揭示"中流露出对生命解放的审美建构，如对非现实性艺术的态度、对阅读模式的阐发等。因此，存在生命美学对生命的解放意识是较为显著与浓厚的，是对现代社会中生命存在的本源性反思与批判，"回到生命本身""回到荒诞性""回到原初"，构成了存在生命美学之于生命解放的基本向度。实践生命美学从生命的"实践"入手，力图在"自由自觉"的实践活动——对象化中实现生命存在及其发展的自由表征——美，"只有音乐才能激起人的音乐感；对于不辨音律的耳朵说来，最美的音乐也毫无意义，音乐对它说来不是对象，因为我的对象只能是我的本质力量

---

① ［德］海德格尔. 诗·语言·思［M］. 北京：文化艺术出版社1991：69.
② ［德］海德格尔. 存在与时间［M］. 上海：三联书店，1987：201.
③ ［法］萨特. 想象心理学［M］. 北京：光明日报出版社，1988：292.

之一的确证,从而,它只能像我本质力量作为一种主体能力而自为地存在着那样对我说来存在着。"① 马克思主义美学将"美"作为生命自由存在与发展的表征方式之一,在本质上仍然立足于生命解放之后的审美言说。后来的西方马克思主义美学对生命的审美言说更为丰富;但是,他们在总体上都指向对生命存在及其发展的某一侧面的解放,如卢卡契对个体命运的思考、霍恩海默对生命反抗异化的揭示、本雅明对生命"寓言"的发现、阿多诺对生命批判本质的阐发、马尔库塞对生命感性的开启……,都是一种基于生命解放的审美言说。总的来说,由于现代性语境以及生命的现实困境,西方生命美学的基本形态往往强调对生命的"解蔽"与解放,流露出对生命本然存在状态浓厚的怀旧意识与感伤情怀,体现出较为深刻且富有哲性意蕴的生命美学之思。

因此,就其基本性质差异而言,中国生命美学是以和谐为轴对生命存在进行适时的调整与整合,追求一种动态的和谐美;而西方生命美学是以解放为轴对生命存在进行揭示与展现,追求一种"古老"的本源性的美;生命和谐美学与生命解放美学是中西生命美学在性质上的基本差异表现。

二、走向一种理想的生命发展态势:中西生命美学的价值同构

中西生命美学虽然在性质特征上存在着显著差异;但是,在价值总体抉择上,它们都是在对生命的言说中走向了一种理想生命发展态势的建构,二者是一种异质同构的关系。

关于生命的审美言说,在中国生命美学的三种基本形态中,无论是追求人与社会的和谐,还是人与自然的和谐,抑或是自我心灵的和谐,

---

① 马克思. 1844年经济学—哲学手稿[M]. 北京:人民出版社,1979:79.

其都是力图为生命存在及其发展营造一种理想的发展态势的努力,并且体现出了中国传统文化及其思维方式的深刻影响踪迹。中国早期文化的生成源于以天道为背景的神权信仰,即以"天文"为语境,再由此生发出"地文"与"人文",最后落实为形下的礼乐文化。在文化形态的具体生成中,古人们形成了独特的思维方式与世界观,如"混沌""天人合一""物我不分"等理念都肇始于此种思维指向。古时人们需要在现实层面把握生活世界与想象世界,他们以穷尽认识论的极限方式将纷繁复杂的万物相归统,并且加以调和、通融,在"和而不同"的思维构架下建立一种包容而穷极的世界图式与意义图式。如"和如羹焉,水火醯醢盐梅以烹鱼肉,燀之以薪,宰夫和之,齐之以味,济其不及,以泄其过。"(《左传·昭公二十年》)就展示了古人思维指向的"和"形态,它体现了古人们力图将多样的、甚至矛盾的具象融会贯通为统一整体的理论致思与努力。而中国传统的"和"文化形态就是这种思维生发、发展、深化的产物,"中国文化的形成,是一个以黄河流域为中心(黄河、黄土、黄帝)不断地由小到大向外扩张的融合过程,无论饮食之和还是音乐之和,都是建立在一个宇宙论的大背景中的,这就意味着,民族的发展仍然是一种有着宇宙的胸怀的'和'来进行的,发展之和与和的发展观,是理解中国文化最重要的一方面。"[①] 中国古代的生命意识与审美理念也传承了这种"和"的思维指向与"和"的文化形态,注重对生命存在的调整与整合,力图在一种"和"的形态中赋予生命理想的发展态势。也就是说,尽管伦理生命美学从人与社会的关系入手,强调礼乐制度下的伦理和谐;自然生命美学从人与自然的关

---

① 张法. 中国美学史 [M]. 上海:上海人民出版社,2000:26.

系入手，强调道法自然的生态和谐；心理生命美学从人的自我心灵入手，强调反求诸己的心灵和谐；但是，它们在本质上都是追求一种和谐的生命存在及其发展趋势，是在中国传统"和"文化与"和"的思维方式的影响下的理想抉择和必然归宿。我们看到，中国传统文化中处处彰显着"故道大、天大、地大、人亦大。域中有四大，而人居其一焉。"（《道德经·第二十五章》）"君子和而不同，小人同而不和"（《论语·子路》）"乐合同，礼别异。礼乐之统，管乎人心矣。"（《荀子·乐论》）"天气悦下，地气悦上，二气相通而为中和之气，相受共养万物，无复有害，故曰太平。天地中和同心，共生万物；男女同心而生子；父母子三人同心，共成一家，君臣民三人共成一国。"（《太平经》卷三）等"和"的理论形态与诉求，并且往往以此赋予生命存在"和"的文化属性与社会属性，从而在审美风尚与氛围上营造了中国生命美学的内在逻辑发展方向与基本精神旨归。

因此，无论对中国传统文化内核而言，还是对中国政治、哲学、伦理、道德、美学等具体思想领域而言，"和"都是一种至高的存在形态与发展态势。由此可见，中国生命美学所关于生命和谐的审美言说是顺应了中国传统社会与文化发展的客观趋势的。从本质上讲，"和也者，天下之达道也。致中和，天地位焉，万物育焉"（《礼记·中庸》）。它是中国生命美学在自身的论域中对生命发展态势的独特把握和理想预期，也是中国生命美学关于生命存在及其发展形上建构的根本价值准则。

西方生命美学产生背景源于现代社会中生命的现实困境，人类主体性的膨胀以及人与社会的异化，以及科技的进步在给人类带来便利的物质享受的同时，也使生命存在及其发展变得更为艰难与不自由。我们知道，生命不是孤立存在的，其与自然、社会处于相互关联、紧密联系的统一体中，自然领域、社会领域的现代危机某种程度上可以看作是生命自身现代危机的拓展和深化。生命的现代困境在外延上就不仅指向人性危机，而且体现为自然生态危机与社会伦理危机，这三者共同构成了生命现代危机的总体表现。从总体上看，今天的世界似乎是一个分裂的世界，各种冲突与疏离状态将我们的生活世界肢解得支离破碎，在此种情境下，现代社会中的生命存在也变得无家可归了，甚至在一定程度上丧失了归家的动力和能力。作为现实的生命存在，其往往感觉到各种"在"的缺席与危机，它常常会以为"上不在天"，即心中毫无敬畏，神圣都被拉下了神坛做了科学的分析；"下不在地"，即与自然关系激烈冲突导致生命与自然疏离；"外不在人"，即与他者的关系由协调共进走向互相控制；"内不在人"，即生命也迷失了自己的本真，这实际上是一种生命的无"在"状态。特别是20世纪以来，现代危机空前严重与爆发：两次世界大战、生态危机、民族纷争、精神空虚、经济危机……这些危机的深化与加剧造成了生命生存的现实困境。为此，在现代化与现代性的历史进程中，生命在现代困境的泥淖中越陷越深，"身有体而心无形，意欲将无形的心扩展为无限者并使人成为无限者，此乃人类中心主义最隐秘也最根本的逻辑。在该逻辑生发为宏大的社会实践后，身体和物体都受到致命的贬抑，人被抽象为认识——意志的主体（精神），自然物体则被当作纯粹客体即质料，所谓生态危机就产生于这种独特的去体化过程。"[①] 因此，如何走出生命的现代困境，实现生命的本真状态，便成为西方人文科学的重大主旨。但是，生命的伟大之处在于其能够不断反思自己的过错，人类社会的继续发展必然伴随着生

---

① 王晓华. 西方生命美学局限研究［M］. 哈尔滨：黑龙江人民出版社，2005：332.

命对社会、自然、自身的深刻反思，对"在"的重新定位与思索。西方人文科学的使命之一就在于为生命探寻理想精神家园，并且将生命的精神安放在一个诗意的栖居之所，即解决生命的"在"危机。同样肇始于这一现代性语境的西方生命美学必然要在自身的论域中进行生命的相关言说，进而探寻有关生命存在及其发展的审美化存在与理想趋势。总的来看，身体生命美学从人的身体入手，"在这个自然的被本真把握到的躯体中，我就唯一突出地发现了我的身体"①，强调了感性的身体存在及基础性意义；存在生命美学则从生命存在的虚无性与荒诞性入手，"人是虚无由之来到世界上的存在"②，强调了生命的"此在"及其本源意义；实践生命美学从生命的实践入手，"正是通过对对象世界的改造，人才实际上确证自己是类的存在物"③，强调生命自由自觉的活动及其现实表征；可以说，三者都是在现代性语境下追求一种生命存在及其发展的可能理想态势。况且，我们认为，身体作为生命的感性存在，"存在"作为对生命的本源性追问与形上把握，实践作为生命的本体性行为，其本身就是从不同的角度和层面指向了现代社会中的理想的生命存在。也就是说，身若不存，以何而在？意若不显，以何为本？践履不通，以何证生？西方生命美学的三种基本形态以其特有的理论视野和内核，以及其浓郁的生命情怀和热情实现了对生命的现实彰显与审美建构，也形成了以现代社会中生命存在及其发展的理想态势为宗旨的基本价值准则。

综上所述，由于所处的具体文化语境及其思维模式的差异，中西生

---

① [德] 胡塞尔. 生活世界现象学 [M]. 倪梁康，张廷国，译. 上海：上海译文出版社, 2002: 158.
② [法] 萨特. 存在与虚无 [M]. 上海：三联书店, 1997: 54.
③ [德] 马克思. 1844年经济学—哲学手稿 [M]. 北京：人民出版社, 1979: 51.

命美学在生命的审美言说与建构上存在着不一致的路径；但是，就价值取向而言，中西生命美学都在各自的论域中力图为生命存在及其发展寻找到理想的发展态势。可以说，在价值抉择上，二者实际上是殊途同归。所不同的是，中国生命美学以"和"为基点而走向了生命和谐美学，西方生命美学以"在"为基点而走向了生命解放美学。

结语

伊壁鸠鲁夹缝中的生命诉说

生命是一种神奇而美妙的自然存在，而对于生命的掌控者——生命自身来说，却处于一种两难境地。柏拉图指出人是两难的，"我们是由两部分构成的，一半是肉体，一半是灵魂"。而伊壁鸠鲁学派则以对悖论的阐释显现出生命存在的无奈与忧思；弗洛姆更是直接揭示出生命的"两重性"宿命。柏拉图在《美论》中也曾断言"美是难的"，而当这一论断与生命相遇，则必然遭遇永久无法解脱的历史拷问与深层悖论。当然，这一难之又难的形上追问在中国生命的具体历史情境中始终没有缺席，即使其如同被放入到"伊壁鸠鲁夹缝"中予以艰难度日，仍旧将生命的审美言说昭之于世，并且走出一条有关生命之美的中国式言说方式。

中国生命的审美言说是一种悲剧式的形上精神超越，其整体论域上就如伊壁鸠鲁学派所宣扬地要将生命之美建立在摒弃肉身之后的心灵自由与快乐之上，但其在某些具体形态与表征上又超越了伊壁鸠鲁学派的"快乐生命"，走向了对现世生命的悲悯与同情，将生命之悲与生命之美耦合并进，形成独具特色的生命悲剧美。儒家生命美学以"吾与点也"的生命圣境照耀现世生命存在，既注重生命的精神超越，又回归生命的客观存在，使生命美在生命肉身与生命精神间往来穿梭，形成中国生命美学浓厚的现世情怀与美学意蕴，将"伊壁鸠鲁夹缝"演化成为一条生命存在与生发的康庄大道。道家生命美学崇尚"逍遥"的生命美学形态，力图以一种"游"与"气"的行为方式彰显生命存在的不言之"大美"。道家生命美学虽然侧重于生命的精神超越与形上美学意蕴，但其仍然对乱世之生命存在给予了足够多的同情与怜悯，而且用"养"的方式将生命存在置于某一安身之处，将生命"不可承受之重"进行搁置、颐养和保全。由此可见，伊壁鸠鲁学派的悖论在道家生命美学视域中表现得并不很突出，肉身生命与精神生命不仅仅有时互为遮蔽，更多的时候是能够耦合并进，互为彰显，成就生命的美学意蕴并不以牺牲肉体生命为代价，"神人"与顺应自然之原初生命都足以体现出道家之于生命存在的审美言说。禅宗生命美学与伊壁鸠鲁学派关于生命美的言说可谓殊途同归，都以放弃甚至牺牲肉身生命去成就精神生命的某种超越，所不同的是在生命美生成的过程与方法上，禅宗生命美学对生命客观存在的关照更为通透与了悟，因而对客观生命"涅槃"为禅的生命意义较为执着，从而形成了较之"快乐生命"更为高级形态的生命般若境界。

不可否认，生命肉身与生命精神的张力所形成的夹缝，古今中外概莫能外，而伊壁鸠鲁学派在这一夹缝中因为物质生命的缺席而造成了自身理论上的某种悖论，使得自身关于生命快乐与美的言说显得有点"不食人间烟火"。但需要指出的是，由于中国古代特殊的历史情境与生命存在方式，现世的苦难抉择与对生命意识的悲叹始终贯穿于整部中国生命存在史，这就使得中国生命美学的各种基本形态都没有完全取消生命肉身与物质生命的审美愉悦，也不可能像伊壁鸠鲁学派那样"隔岸看花"，将生命之美建立在脱离与抛弃客观物质生命之上的所谓节制的、心灵的、超越的"快乐主义"。与现世生命、物质生命相关联，发掘，甚至突显生命的焦虑与苦难，并以一种至大至上之境以示生命发展之道路，中国生命美学以自身特有的理路形成了关于生命的审美言说：生命苦难而不萎靡内敛，生命悲惨而极具悲剧意味，生命本真而审美怡然自得。当然，中国生命美学的几种基本形态之间是有所差异的，这也是特殊的历史阶段与哲学基础下结合生命存在的不同选择。治世选择儒家生命言说方式，乱世则选择道、禅生命言说方式，中国古人可以在长达数千年的历史长河中始终保持生命的充盈与张扬，而且能够在二者之间自由地切换与悠游，其所生成的典型生命形象与至美生命境界确实值得我们好好去探讨与研究。

　　生命个体对生命美进行关照和研究，也许同样会遭遇婢女对泰勒斯看得清天上的东西却看不见鼻子底下的东西而掉进井里这一现象式的窃笑和嘲讽，但是我们对于生命的这种审美哲思终究以对生命自身的审美度量，以及建构和谐共生的生命境界来显现生命存在的维度和价值。对生命历程的书写范式建构，以及对生命美学意蕴的再生发，这些都将成为本书的内在价值之所在。也许本书的某些观点还需要进一步分析和论证，某些材料还需要进一步充实和完善，即使本书遭遇那种一说就错的尴尬境地，这种关于生命的"美思"仍然以一种在路上的言说方式彰显出生命是一种会"思"的存在，却是值得鼓励和欣慰的。

二零一九年十一月王成记于黄石磁湖畔

参考文献

[1] 陈元德. 中国古代哲学史 [M]. 台北：台湾中华书局，1978.

[2] 李振纲. 中国古代哲学史论 [M]. 北京：中国社会科学出版社，2004.

[3] 陶黎铭，姚萱. 中国古代哲学 [M]. 北京：北京大学出版社，2010.

[4] 冯天瑜. 中国文化史 [M]. 上海：上海人民出版社，1990.

[5] 李泽厚. 中国古代思想史论 [M]. 北京：人民出版社，1986.

[6] 李泽厚，刘纲纪. 中国美学史（第一、二卷）[M]. 北京：中国社会科学出版社，1987.

[7] 叶朗. 中国美学史大纲 [M]. 上海：上海人民出版社，1985.

[8] 张法. 中国美学史 [M]. 上海：上海人民出版社，2000.

[9] 陈望衡. 中国古典美学史 [M]. 长沙：湖南教育出版社，1998.

[10] 徐复观. 中国艺术精神 [M]. 沈阳：春风文艺出版社，1982.

[11] 胡经之. 中国古典美学丛编 [M]. 北京：中华书局，1988.

[12] 朱良志. 中国美学十五讲 [M]. 北京：北京大学出版社，2006.

[13] 朱良志. 中国艺术的生命精神 [M]. 合肥：安徽教育出版社, 1995.

[14] 陈良运. 中国艺术美学 [M]. 南昌：江西美术出版社, 2008.

[15] 史仲文. 中国艺术史 [M]. 郑州：河南人民出版社, 2006.

[16] 苏立文. 中国艺术史 [M]. 北京：北京世纪文景文化传播有限责任公司, 2014.

[17] 陈炎. 中国审美文化史 [M]. 济南：山东画报出版社, 2000.

[18] 潘知常. 生命美学 [M]. 郑州：河南人民出版社, 1991.

[19] 潘知常. 生命美学论稿 [M]. 郑州：郑州大学出版社, 2002.

[20] 潘知常. 我爱故我在——生命美学的视界 [M]. 南昌：江西人民出版社, 2009.

[21] 潘知常. 没有美万万不能——美学导论 [M]. 北京：人民出版社, 2012.

[22] 封孝伦. 人类生命系统中的美学 [M]. 合肥：安徽教育出版社, 1999.

[23] 陈德礼. 人生境界与生命美学 [M]. 长春：长春出版社, 1998.

[24] 周殿富. 生命美学的诉说 [M]. 北京：人民文学出版社, 2004.

[25] 雷体沛. 存在与超越——生命美学导论 [M]. 广州：广东人民出版社, 2001.

[26] 范藻. 叩问意义之门——生命美学论纲 [M]. 成都：四川文艺出版社, 2002.

[27] 陈伯海. 生命体验与审美超越 [M]. 上海：上海三联书店,

2012.

[28] 陈伯海. 回归生命本原 [M]. 北京：商务印书馆，2012.

[29] 朱宏宝. 西方现代美学 [M]. 上海：上海人民出版社，2002.

[30] 王晓华. 西方生命美学局限研究 [M]. 哈尔滨：黑龙江人民出版社，2005.

[31] 马克思. 1844 年经济学—哲学手稿 [M]. 刘丕坤，译. 北京：人民出版社，1979.

[32] 孙周兴. 海德格尔选集 [M]. 上海：上海三联书店，1996.

[33] 尼采. 权力意志——重估一切价值的尝试 [M]. 张念东，等译. 北京：商务印书馆，1996.

[34] 萨特. 存在与虚无 [M]. 上海：上海三联书店，1997.

[35] 莫里斯·梅洛-庞蒂. 知觉现象学 [M]. 姜志辉，译. 北京：商务印书馆，2001.

[36] 胡塞尔. 生活世界现象学 [M]. 倪梁康，张廷国，译. 上海：上海译文出版社，2002.